计算机系列教材

朱伟华　宋　慧　刘　刚　主编
黄　岩　关　欣　白玉羚　王云鹤　副主编

通信网络工程制图及实训

清华大学出版社
北京

内容简介

本书针对通信网络工程技术项目设计的特点和技术人员实际需求编写,将绘图方法与设计方法相结合,以通信网络企业常用的 AutoCAD 2012 中文版软件为基础,全面介绍 AutoCAD 软件在通信网络工程中的应用、绘图相关国家标准、AutoCAD 软件常用绘图和编辑命令以及二维图形的基本绘图方法等。

本书选用通信网络工程的关键工作任务,以各种工程项目实例为模型,重点介绍网络拓扑图、典型工程的 CAD 图范例和通信网络工程设计方法与步骤,并给出多种设计案例。本书章节布局合理,知识全面,内容实用性强,设计方法和步骤清晰明确。

本书作者团队由行业资深高级工程师和一线教学名师组成,将丰富的工程实践和理论教学经验与国家标准等规范图集相结合,由浅入深,通俗易懂,案例丰富,本书适合用作应用型本科及高职高专院校通信、计算机网络、计算机应用、物联网工程、电子信息等信息技术专业课或者选修课教材,也适合用作各种技能大赛工程设计培训教材和指导书,还可以作为通信网络设计、系统集成商等信息技术工程设计、施工和维护人员的参考用书和培训教材。

图书在版编目(CIP)数据

通信网络工程制图及实训/朱伟华,宋慧,刘刚主编. —北京:清华大学出版社,2017(2025.1重印)
(计算机系列教材)
ISBN 978-7-302-46470-9

Ⅰ. ①通… Ⅱ. ①朱… ②宋… ③刘… Ⅲ. ①通信网—通信工程—工程制图—高等学校—教材
Ⅳ. ①TN915

中国版本图书馆 CIP 数据核字(2017)第 024658 号

责任编辑:白立军
封面设计:常雪影
责任校对:时翠兰
责任印制:刘 菲

出版发行:清华大学出版社
    网　　　址:https://www.tup.com.cn,https://www.wqxuetang.com
    地　　　址:北京清华大学学研大厦 A 座　　　　邮　　编:100084
    社 总 机:010-83470000　　　　　　　　　邮　　购:010-62786544
    投稿与读者服务:010-62776969,c-service@tup.tsinghua.edu.cn
    质量反馈:010-62772015,zhiliang@tup.tsinghua.edu.cn
    课件下载:https://www.tup.com.cn,010-83470236
印 装 者:涿州市般润文化传播有限公司
经　销:全国新华书店
开　　本:185mm×260mm　　　　印　张:18　　　　字　　数:416 千字
版　　次:2017 年 3 月第 1 版　　　　印　　次:2025 年 1 月第 10 次印刷
定　　价:49.00 元

产品编号:065647-02

随着计算机通信网络的发展及信息技术的广泛应用,CAD技术快速发展与应用,使工程设计更科学化、系统化。在各类CAD软件设计中,AutoCAD是世界范围内最早开发,也是用户群最庞大的CAD软件,其开放性的平台和简单易行的操作方法深受设计人员的喜爱。目前,AutoCAD设计教程主要针对机械、建筑、电气等行业领域,还没有适合通信网络工程技术行业专门的设计教程。为此,由行业资深高级工程师和一线教学名师等组成的作者团队,专门针对通信网络技术项目设计特点和技术人员实际需求编写的教程。

本书将丰富的工程实践和理论教学经验与国家标准等规范图集相结合,内容由浅入深,通俗易懂,案例丰富。

本书编写时力求突出以下几点。

(1)突出能力的培养。根据教育部高等职业教育[2016]16号文件的要求,本书内容与要求、教学过程与评价都围绕技能型人才职业能力培养的需要。

(2)突破传统教材按章节编排知识的系统性、逻辑性,引入通信网络工程中实际应用案例,实现理论与实践一体化教学。

(3)实践、实训、理论教学内容相结合并互相渗透、互相推动。

(4)针对每个单元的培养目标,精心选择训练内容,体现精训、精练。

本书由吉林电子信息职业技术学院朱伟华、宋慧、刘刚任主编,关欣、白玉羚、王云鹤及中国移动通信集团吉林有限公司吉林市分公司黄岩任副主编,李可、王珂参与编写,朱伟华负责全书统稿。

在本书的编写过程中,编者参考了有关书籍及论文,并引用了其中的一些资料,在此一并向这些作者表示感谢。

由于编者经验不足和水平有限,书中难免有疏漏和不足之处,恳请专家、读者批评指正。

编　者

2016年10月

单元一　通信工程制图基础

【学习目标】

(1) 理解和掌握通信工程制图的总体要求及统一规定。

(2) 掌握通信工程制图中的常用图例及含义。

【知识导读】

通信工程技术人员必须要掌握通信制图的方法。为了使通信工程的图纸做到规格统一、画法一致、图面清晰,符合施工、存档和生产维护要求,有利于提高设计效率、保证设计质量和适应通信工程建设的需要,必须要依据通信工程制图的相关规范文件制图。只有绘制出准确的通信工程图纸,才能对通信工程施工具有正确的指导性意义。

1.1　通信工程制图概述

通信工程图纸是在对施工现场仔细勘察和认真搜索资料的基础上,通过图形符号、文字符号、文字说明及标注来表达具体工程性质的一种图纸。它是通信工程设计的重要组成部分,是指导施工的主要依据。通信工程图纸里面包含了诸如路由信息、设备配置安放情况、技术数据、主要说明等内容。

通信工程制图就是将图形符号、文字符号按不同专业的要求画在一个平面上,使工程施工技术人员通过阅读图纸就能够了解工程规模、工程内容,统计出工程量及编制工程概预算。

1.2　通信网络工程制图规范

1.2.1　图纸幅面尺寸

工程设计图纸幅面和图框大小应符合国家标准 GB 6988.2 的规定,一般采用 A0、A1、A2、A3、A4 及其加长的图纸幅面。图纸的幅面和图框尺寸应符合表 1-1 的规定及图 1-1 和图 1-2 的格式。

表 1-1　幅面及图框尺寸(mm)

尺寸代号	幅面代号				
	A0	A1	A2	A3	A4
b×1	841×1189	594×841	420×594	297×420	210×297
c	10			5	
a	25				

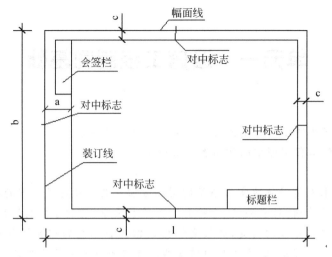

图 1-1　横式幅面格式

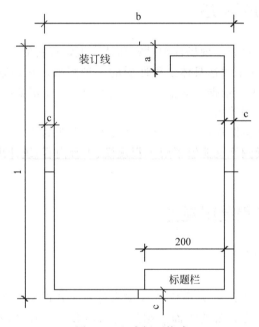

图 1-2　立式幅面格式

1.2.2　标题栏

　　每张图纸都应在图框的右下角设置标题栏(简称图衔)。它用于填写设计单位名称、工程名称、图名、图号、设计编号以及设计人、制图人、校对人、审核人的签名和日期等。标题栏应根据工程需要选择确定其尺寸、格式及分区。

　　通信工程勘察设计制图常用的图衔种类有通信工程勘察设计各专业常用图衔、机械零件设计图衔和机械装配设计图衔。对于通信管道及线路工程图纸来说,当一张图不能完整画出时,可分为多张图纸进行,这时,第一张图纸使用标准图衔,其后序图纸使用简易图衔。

通信工程勘察设计常用标准图衔的规格要求如图 1-3 所示。

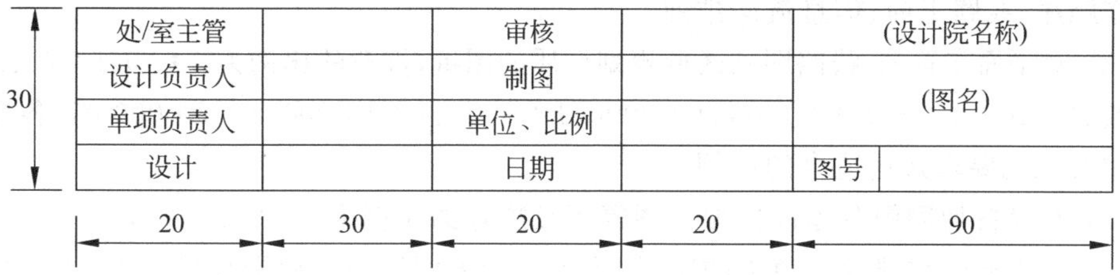

处/室主管		审核		(设计院名称)
设计负责人		制图		(图名)
单项负责人		单位、比例		
设计		日期		图号

图 1-3　常用标准图衔

1.2.3　图线型式及其应用

图线的宽度一般为 0.25、0.3、0.35、0.5、0.6、0.7、1.0、1.2 及 1.4 等(单位为 mm)。通常只选用两种宽度的图线,粗线的宽度为细线宽度的两倍,主要图线粗些,次要图线细些。对复杂的图纸也可采用粗、中、细 3 种线宽,线的宽度按 2 的倍数依次递增,但线宽种类也不宜过多。

使用图线绘图时,应使图形的比例和配线协调恰当、重点突出、主次分明,在同一张图纸上,按不同比例绘制的图样及同类图形的图线粗细应保持一致。

细实线是最常用的线条。在以细实线为主的图纸上,粗实线主要用于主回路线、图纸的图框及需要突出的设备、线路、电路等处。指引线、尺寸线、标注线应使用细实线。

当需要区分新安装的设备时,粗线表示新建,细线表示原有设施,虚线表示规划预留部分。在改建的电信工程图纸上,需要表示拆除的设备及线路用×来标注。

图线型式及用途如表 1-2 所示。

表 1-2　图线型式及用途

图线名称	图线型式	一般用途
实线	————	基本线条:图纸主要内容用线,可见轮廓线
虚线	– – – – –	辅助线条:屏蔽线、机械连接线、不可见轮廓线、计划扩展内容用线
点画线	—·—·—	图框线:表示分界线、结构图框线、功能图框线、分级图框线
双点画线	—··—··—	辅助图框线:表示更多的功能组合或从某种图框中区分不属于它的功能部件

1.2.4　图纸比例

原值比例——图形:实物 = 1:1。

放大比例——10∶1、100∶1、4∶1 等。

缩小比例——1∶10、1∶50、1∶1000 等。

(1) 对于建筑平面图、平面布置图、管道线路图、设备加固图及零部件加工图等图纸，一般有比例要求；对于系统框图、电路组织图、方案示意图等此类图纸则无比例要求，但应按工作顺序、线路走向、信息流向排列。

(2) 对平面布置图、线路图和区域规划性质的图纸，推荐的比例为 1∶10、1∶20、1∶50、1∶100、1∶200、1∶500、1∶1000、1∶2000、1∶5000、1∶10 000、1∶50 000 等，各专业应按照相关规范要求选用适合的比例。

(3) 对设备加固图及零部件加工图等图纸推荐的比例为 1∶2、1∶4 等。

(4) 对于通信线路及管道类的图纸，为了更为方便地表达周围环境情况，可采用沿线路方向按一种比例，而周围环境的横向距离采用另外一种比例或基本按示意性绘制的方法。

应根据图纸表达的内容深度和选用的图幅，选择适合的比例，并在图纸上及图衔相应栏目处注明。比例宜注写在图名的右侧，字的基准线应取平。比例的字高宜比图名的字高小一号或二号。

1.2.5　尺寸标注

一个完整的尺寸标注应由尺寸数字、尺寸界线、尺寸线及其终端等组成。

尺寸界线用细实线绘制，由图形的轮廓线、轴线或对称中心线引出，也可利用轮廓线、轴线或对称中心线作为尺寸界线。尺寸界线一般应与尺寸线垂直。

尺寸线的终端，可以采用箭头或斜线两种形式，但同一张图中只能采用一种尺寸线终端形式，不得混用。

采用箭头形式时，两端应画出尺寸箭头，指到尺寸界线上，表示尺寸的起止。尺寸箭头宜用实心箭头，箭头的大小应按可见轮廓线选定，其大小在图中应保持一致。

采用斜线形式时，尺寸线与尺寸界线必须互相垂直。斜线用细实线，且方向及长短应保持一致。斜线方向应以尺寸线为准，逆时针方向旋转 45°，斜线长短约等于尺寸数字的高度。

1.2.6　字体及写法

图中书写的文字(包括汉字、字母、数字、代号等)均应字体工整、书写清晰、排列整齐、间隔均匀，其书写位置应根据图面妥善安排，文字多时宜放在图的下面或右侧。

文字内容从左向右横向书写，标点符号占一个汉字的位置。中文书写时，应采用国家正式颁布的简化汉字，字体宜采用长仿宋体。

图中的"技术要求""说明"或"注"等字样，应写在具体文字内容的左上方，并使用比文字内容大一号的字体书写。标题下均不画横线，具体内容多于一项时，应按下列顺序号排列：

1,2,3…

(1),(2),(3)…

①,②,③…

图纸编号的编排应尽量简洁,设计阶段一般图纸编号的组成可分为四段,按以下规则处理,如图1-4所示。

图 1-4 图纸编号的组成

其中,工程计划号可使用上级下达、客户要求或自行编排的计划号;设计阶段代号应符合表1-3的规定;常用专业代号应符合表1-4的规定。

表 1-3 设计阶段代号

设计阶段	代 号	设计阶段	代 号
可行性研究	Y	初设阶段的技术规范书	CJ
规划设计	G	施工图设计 一阶段设计	S
勘察报告	K		
咨询	ZX	技术设计	J
初步设计	C	设计投标书	T
方案设计	F	修改设计	在原代号后加 X

表 1-4 常用专业代号

名 称	代 号	名 称	代 号
光缆线路	GL	海底光缆	HGL
电缆线路	DL	通信管道	GD
光传输设备	GS	无线接入	WJ
移动通信	YD	交换	JH
数据通信	SJ	计费系统	JF
网管系统	WG	微波通信	WB
卫星通信	WT	铁塔	TT
同步网	TBW	信令网	XLW
通信电源	DY	电源监控	DJK
传真通信	CZ	监控	JK

1.2.7　注释、标注及技术数据

当含义不便于用图示方法表达时,可以采用注释。当图中出现多个注释或大段说明性注释时,应当把注释按顺序放在边框附近。有些注释可以放在需要说明的对象附近;当注释不在需要说明的对象附近时,应使用指引线(细实线)指向说明对象。

标注和技术数据应该放在图形符号的旁边。当数据很少时,技术数据也可以放在矩形符号的方框内(如继电器的电阻值);数据较多时可以用分式表示,也可以用表格形式列出。

当用分式表示时,可采用以下模式:

$$N \frac{A-B}{C-D} F$$

其中,N 为设备编号,一般靠前或靠上放;A、B、C、D 为不同的标注内容,可增可减;F 为敷设方式,一般靠后放。

当设计中需表示本工程前后有变化时,可采用斜杠方式:(原有数)/(设计数)。

当设计中需表示本工程前后有增加时,可采用加号方式:(原有数)+(增加数)。

当设计中需表示本工程前后有减少时,可采用减号方式:(原有数)-(减少数)。

1.3　图形符号的使用

1.3.1　图形符号的使用规则

当标准中对同一项目有几种图形符号形式可选时,选用宜遵守以下规则。

(1) 优先选用"优选形式"。

(2) 在满足需要的前提下,宜选用最简单的形式(如"一般符号")。

(3) 在同一册设计中同专业应使用同一种形式。

一般情况下,对同一项目宜采用同样大小的图形符号。特殊情况下,为了强调某些方面或为了便于补充信息,允许使用不同大小的符号和不同粗细的线条。

绝大多数图形符号的取向是任意的。为了避免导线的弯折或交叉,在不引起理解错误的前提下,可以将符号旋转获取镜像形态,但文字和指示方向不得倒置。

标准中图形符号的引线是作为示例画上去的,在不改变符号含义的前提下,引线可以取不同的方向,但在某些情况下,引线符号的位置会影响符号的含义。例如,电阻器和继电器线圈的引线位置不能从方框的另外两侧引出,应用中应加以识别。

为了保持图面符号的均匀布置,围框线可以不规则地画出,但是围框线不应与设备符号相交。

1.3.2　图形符号的派生

在国家通信工程制图标准中只是给出了图形符号有限的例子,如果某些特定的设备

或项目无现成的符号,允许根据已规定的符号组图规律进行派生。

派生图形符号是利用原有符号加工成新的图形符号,应遵守以下规律。

(1)(符号要素)+(限定符号)→(设备的一般符号)。

(2)(一般符号)+(限定符号)→(特定设备的符号)。

(3)利用2~3个简单的符号→(特定设备的符号)。

(4)一般符号缩小后可以作为限定符号使用。

对急需的个别符号,如派生困难等原因,一时找不出合适的符号,允许暂时使用在框中加注文字符号的方法。

1.4 常用工程图例

参照《电信工程制图与图形符号规定》(YD/T 5015—2007)文件,主要通信工程图例见附录A,具体信息如表1-5所示。

表1-5 通信工程图例与附录A对应关系

序号	图例名称	附录	序号	图例名称	附录
1	符号要素	A-1	10	通信杆路	A-10
2	限定符号	A-2	11	通信管道	A-11
3	连接符号	A-3	12	移动通信	A-12
4	交换系统、数据及IP网	A-4	13	无线通信站型	A-13
5	增值业务、信息化系统	A-5	14	无线传输	A-14
6	传输设备	A-6	15	通信电源	A-15
7	光缆	A-7	16	机房建筑及设施	A-16
8	通信线路	A-8	17	机房配线与电气照明	A-17
9	线路设施与分线设备	A-9	18	地形图常用符号	A-18

小　结

通信线路施工图纸是施工图设计的重要组成部分,它是指导施工的主要依据。施工图纸包含了诸如路由信息、技术数据、主要说明等内容,施工图应该在仔细勘察和认真搜集资料的基础上绘制而成。在绘制线路施工图时,首先要按照相关规范要求选用适合的比例,为了更为方便地表达周围环境情况,可采用沿线路方向按一种比例,而周围环境的横向距离采用另外一种比例或基本按示意性绘制。绘制工程图时,要按照工作顺序、线路走向或信息流向进行排列,线路图纸分段按起点至终点,分歧点至终点原则划分。

思考与习题

1. 选择题

(1) 下面图纸中无比例要求的是( )。
　　A. 建筑平面图　　　　　　　　　B. 系统框图
　　C. 设备加固图　　　　　　　　　D. 平面布置图

(2) 用于表示可行性研究阶段的设计代号是( )。
　　A. Y　　　　　　　　　　　　　B. K
　　C. G　　　　　　　　　　　　　D. J

(3) 长途光缆线路的专业代号为( )。
　　A. SG　　　　　　　　　　　　B. CXG
　　C. GS　　　　　　　　　　　　D. SXD

(4) 下面( )图线宽度不是国标所规定的。
　　A. 0.25mm　　　　　　　　　　B. 0.7mm
　　C. 1.0mm　　　　　　　　　　 D. 1.5mm

2. 判断题

(1) 图中的尺寸数字,一般应注写在尺寸线的上方、左侧或者是尺寸线上。　　( )

(2) 在工程图纸上,为了区分开原有设备与新增设备,可以用粗线表示原有设备,细线表示新建设备。　　　　　　　　　　　　　　　　　　　　　　　　　　　( )

(3) 图纸中如有"技术要求""说明"或"注"等字样,应写在具体文字内容的左上方,并使用比文字内容大一号的字体书写。　　　　　　　　　　　　　　　　　　　( )

3. 简答题

(1) 什么是通信工程制图?

(2) 通信工程图纸包含哪些内容?

(3) 通常图线型式分几种? 各自的用途是什么?

(4) 在电信工程图纸上,对要拆除的设备、规划预留的设备各用什么线条表示?

(5) 图纸的编号由哪四段组成?

(6) 若同一个图名对应多张图时,如何对这些图纸进行编号加以区分?

(7) 对同一项目有几种图形符号形式可选时,宜遵守的选取规则是什么?

(8) 在进行图形符号的派生时,应遵守什么样的规律?

(9) 请说明表 1-6 所示的图形符号各自代表的含义。

表 1-6　图形符号

序号	图例名称	图　例	序号	图例名称	图　例
1			13		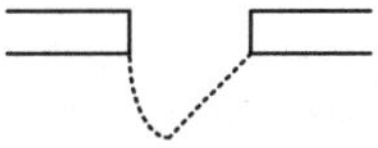
2			14		
3		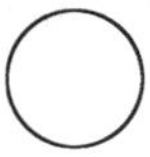	15		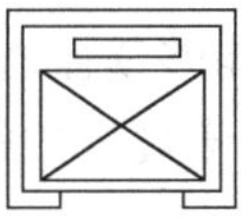
4		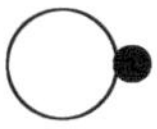	16		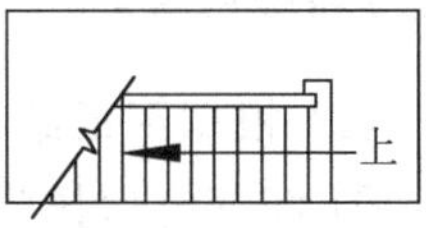 上
5		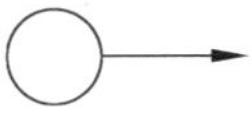	17		 或
6		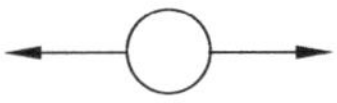	18		
7		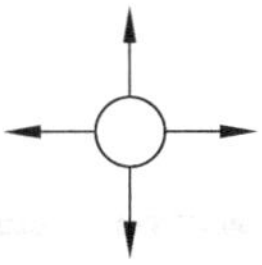	19		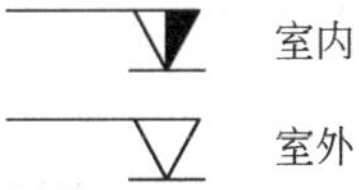 室内 / 室外
8			20		
9			21		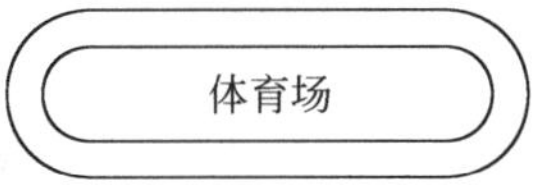 体育场
10		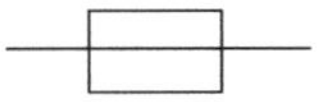	22		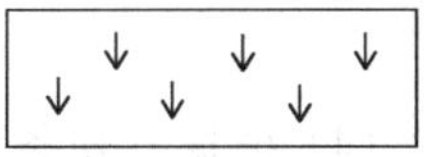
11		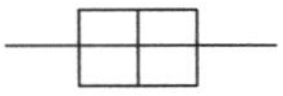	23		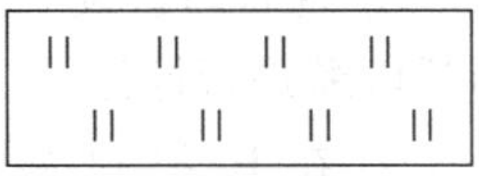
12		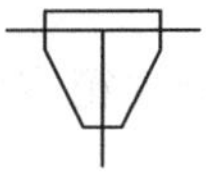	24		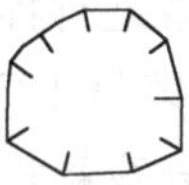

技 能 训 练

【训练目的】

通过本次实训,能够掌握通信工程图纸的编号方法并学会如何对通信工程图纸进行编号;能够读懂通信图纸中的各种工程标注含义,并学会如何对通信工程中的线路和设备进行科学规范的标注。

【训练内容】

(1)根据图纸编号原则对下列图纸进行编号。

① 江苏电信扬州地区长途光缆线路工程施工图设计第1册第5张。

② 2005年四川联通成都地区传输设备安装工程初步设计图纸。

(2)说出下面图纸编号的含义。

① SSW0104-005。

② SXGTY-005。

③ FJ0101-001(1/15)。

(3)说明图1-5中所示标注的含义。

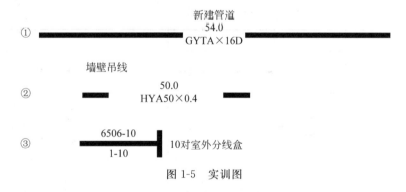

图 1-5　实训图

(4)根据已知条件,对下面线路及设备进行标注。

① 现直埋敷设50m HYA型市话通信电缆,容量为100对,线径为0.5mm,试对该段市话电缆进行标注。

② 在10和11号电杆间架设GYTA型16芯通信光缆,长度为50m,试对该段架空光缆线路进行标注。

③ 编号125的电缆进入第5号壁龛式分线箱,分线箱容量为50回线,线序为1~50,试对其分线箱进行标注。

④ 在01和02号入孔间对HYAT型市内通信全塑电缆进行管道敷设,敷设长度为100m,电缆线径为0.5mm,容量100对,试对该段管道电缆进行标注。

单元二　计算机辅助制图 AutoCAD 软件入门

【学习目标】

(1) 掌握 AutoCAD 2012 的安装和启动方法。

(2) 认识 AutoCAD 2012 的经典操作界面。

(3) 能够正确配置绘图环境。

(4) 掌握 AutoCAD 的基本输入操作。

【知识导读】

人们的工作性质、环境以及所属行业都不尽相同,要使 CAD 满足个人需求就需要对软件进行必要的设置。

绘图参数设置是进行绘图之前的必要准备工作。它可以指定在特定幅面图纸上绘制;指定绘图采用的单位、线宽等。还能对复杂的图形分解成几个部分来分别绘制。在管理和查阅复杂的工程图纸时,制图人员或用户就能快速、准确地查看图纸了。

2.1　AutoCAD 基础知识

2.1.1　AutoCAD 软件简介

AutoCAD 是美国 Autodesk 公司开发的产品,它将制图带入了个人计算机时代。CAD 是英语 Computer Aided Design 的缩写,意思是"计算机辅助设计"。AutoCAD 是目前世界上应用最广的 CAD 软件,现已成为全球领先的、使用最为广泛的计算机绘图软件,其主要用于二维绘图、详细绘制、设计文档和基本三维设计。自从 1982 年 Autodesk 公司首次推出 AutoCAD 软件,就在不断地进行完善,陆续推出了多个版本。AutoCAD 2012 是 AutoCAD 软件的第 23 个版本,其性能得到了全面提升,能够更加有效地提高设计人员的工作效率。用户可以使用它来创建、浏览、管理、打印、输出和共享富含信息的设计图形。

AutoCAD 是一个通用的二维和三维 CAD 图形软件系统,分为单机版和网络版。它是当今世界最为流行的计算机辅助设计软件,也是我国目前应用最为广泛的图形软件之一。Autodesk 公司成立于 1982 年 1 月,并在这一年推出 AutoCAD 1.0 版本(当时命名为 Micro CAD),在 30 多年的发展历程中,该公司不断丰富和完善 AutoCAD 系统,并连续推出多个新版本,使 AutoCAD 由一个功能非常有限的绘图软件发展到现在功能强大、性能稳定、市场占有率居世界第一的 CAD 系统。AutoCAD 在城市规划、建筑、测绘、机械、电子、造船和汽车等许多行业得到广泛的应用。统计资料表明,目前世界上有 75% 的设计部门、数百万的用户应用该软件,大约有 50 万套 AutoCAD 软件安装在各企业中运行,成为工程技术人员的必备工具之一。

利用 AutoCAD 进行工程设计,与传统方法相比具有不可比拟的优势。例如,其存储功能可以让设计师告别图纸时代;使设计图形的管理更为方便,且图形不易污损,占用空间小;强大的绘图功能大大减轻了设计人员的工作量;其修改功能克服了人工改图产生的凌乱和不统一状况;Internet 功能使图形的传输更加方便快捷,便于不同设计人员和单位的相互交流。

AutoCAD 2012 是 AutoCAD 系列软件的较新版本,与 AutoCAD 先前的版本相比,它在性能和功能方面都有较大的增强,同时保证与较低版本完全兼容。AutoCAD 2012 在操作界面上发生了很大的改变,该版本具有更加人性化的特点。

因此,利用 AutoCAD 进行工程设计可以节约设计成本、减少设计人员的工作量、提高设计质量和效率、缩短设计周期。

2.1.2 操作界面

软件的经典工作界面由标题栏、菜单栏、工具栏、经典窗口、命令窗口、状态栏等内容组成,效果如图 2-1 所示。下面就结合图 2-1,按顺序讲解界面组成。

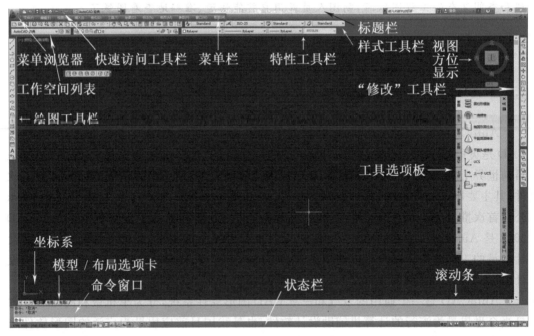

图 2-1 AutoCAD 经典工作界面

1. 标题栏

标题栏位于程序的顶部,显示当前正在运行的程序名称及当前文件的名称。标题栏与其他 Windows 应用程序类似,用于显示程序图标以及当前正编辑的图形文件的名称。

2. 菜单栏

菜单栏是主菜单,可利用其执行 AutoCAD 的大部分命令。单击菜单栏的某一个菜单,会弹出下拉式列表。

在下拉式列表中,如果某个命令的最右侧有个小箭头标志 ▶,这就意味着还有下一级菜单;若某个命令最右侧有个省略号标志(见图 2-2),就意味着单击这个命令后会弹出一个对话框。

图 2-2 下一级菜单的省略号示意图

3. 工具栏

AutoCAD 软件提供了 40 多个工具栏,每个工具栏上均有图形按钮。单击按钮可以启动对应的命令。用户可以根据需要打开或关闭任意一个工具栏。例如找到工作区左侧

图 2-3 关闭绘图工具栏

的工具栏,在工具栏最上方的标题栏上 ▦ 右击,弹出一个命令列表,找到"绘图"命令,单击该命令以关闭该命令,这样左侧的绘图工具栏就关闭了(见图 2-3)。要想再显示工具栏,选择"工具"→"工具栏"→AutoCAD,找到"绘图"命令,单击该命令即可再次显示工具箱了。

4. 绘图区

绘图区也称为工作区。所有的绘图结果都反映在这个区域。工作区的颜色也可以订制。通常情况是深色背景。

5. 坐标系图标

坐标系图标位于软件工作区的左下角,表示当前绘图所用的坐标系的形式以及坐标方向等。AutoCAD 默认的是世界坐标系。

6. 命令窗口

命令窗口是 AutoCAD 显示用户从键盘输入的命令和显示 AutoCAD 提示信息的地方,如图 2-4 所示。默认状态下,软件在命令窗口保留最后三行所执行的命令或提示信息,要想看到更早的命令和提示信息,可以通过拖动窗口边框的方式改变命令窗口的大小。

　　　　　　　　　　　　　　　　　　　　　　　　　　　　—— 红线框

图 2-4 命令窗口

用鼠标按住并向上移动图 2-4 里红色线框里的窗口边框,即可查看更多的命令和提示信息。

7. 状态栏

状态栏用于显示或设置当前的绘图状态。状态栏上位于左侧的一组数字反映当前光标的坐标,其余按钮从左至右分别表示当前是否开启了推断约束、捕捉模式、栅格显示、正交模式、极轴追踪、对象捕捉、三位对象捕捉、对象捕捉追踪、允许/禁止动态 UCS、动态输入、显示和隐藏线宽、显示和隐藏透明度、快捷特性和选择循环,还有当前的绘图空间信息等内容。

8. 模型/布局选项卡

模型/布局选项卡用于实现模型空间与图纸空间的切换。

9. 滚动条

滚动条的作用是可以使图纸沿水平或垂直方向移动。

10. 菜单浏览器

菜单浏览器是软件基础性操作的菜单,例如保存、打开文档,打印和发布文档等内容。

2.2 设置绘图环境

2.2.1 设置图形单位

对任何图形而言,总有其大小、精度以及采用的单位。在 AutoCAD 中,在屏幕上显示的只是屏幕单位,但屏幕单位应该对应一个真实的单位。不同的单位其显示格式是不同的。同样也可以设定或选择角度类型、精度和方向。

启用"图形单位"命令有两种方法。

(1) 选择"格式"→"单位"命令。

(2) 输入命令:UNITS。

启用"图形单位"命令后,弹出"图形单位"对话框。

在"图形单位"对话框中包含长度、角度、插入比例和输出样例 4 个区;另外还有 4 个按钮。

2.2.2 设定绘图界限

设定绘图界限类似于手绘时需要选择图纸的大小。操作步骤如下。

(1) 可以输入命令 LIMI(软件如果不能识别,就需要输入完整的命令 LIMITS),然后按一下空格键(本书后面内容讲解输入命令时,用"+"表示组合键,例如 Ctrl+C),软件提示指定左下角的点,如果不修改坐标原点,则输入 00+空格。

(2) 软件提示指定右上角点,为了绘图方便,绘图区域可以设定得大一些。输入

"15000,15000",然后按空格键。

(3)最后重新缩放工作区域。输入 Z,然后按空格键;再输入 A,然后按空格键。这样,自定义的工作空间就设置完成了。

小提示:

通常情况下,使用 CAD 绘图时使用实际尺寸(1∶1),在打印出图时再考虑比例。

2.2.3 帮助文件的使用

软件的帮助文件有两种打开方式。当 CAD 打开并处于激活状态下,一种是直接按 F1 键,可调出软件的帮助文件;另一种是找到"帮助"菜单,单击该菜单里的"帮助"命令。

可以单击左侧的内容列表来查看内容,也可以在输入框里输入具体的问题来查询,如图 2-5 所示。

图 2-5 "帮助文件"对话框

2.3 软件的启动和配置

2.3.1 启动软件

软件安装完成后,如果用户没有改变安装过程,软件在操作系统桌面会生成一个快捷方式(见图 2-6),双击该快捷方式,即可启动 AutoCAD 2012(见图 2-7)。

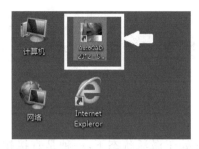

图 2-6　桌面快捷方式

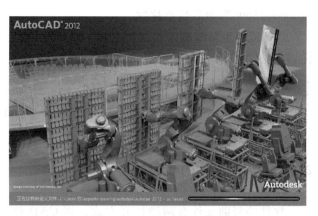

图 2-7　Auto CAD 初始界面

小提示：

软件启动完成后，默认情况下会自动弹出"欢迎"对话框（见图 2-8 和图 2-9）。

图 2-8　"欢迎"对话框

对话框里的内容是该版本的新增内容和产品更新及服务信息。用户可以关闭该对话框以继续。选中 Show this window at start up 复选框，然后单击 Close 按钮即可。

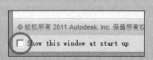

图 2-9　选择 Show this window at start up 复选框

2.3.2 设置工作区

由于部分用户已经习惯于旧版的软件工作界面(例如包括 AutoCAD 2008 在内的之前的版本),对 AutoCAD 2012 新版的工作界面还是不习惯,那么我们可以改变软件的工作界面。恢复旧版本的标题栏、菜单栏、工作区左侧的工具栏等界面元素。

本教材不提供 AutoCAD 2012 软件,也不提供软件的下载方式或下载地址。如果用户需要软件,可自行上网搜索免费的试用版软件,或联系欧特克公司购买正版的 AutoCAD 2012 简体中文版软件。如需更多信息可访问 www.autodesk.com.cn。

软件默认的工作空间是"草图与注释",如图 2-10 所示,这种视图是在 AutoCAD 2009 版本之后新增的,若想设置软件工作界面为"AutoCAD 经典",有 3 种方式。

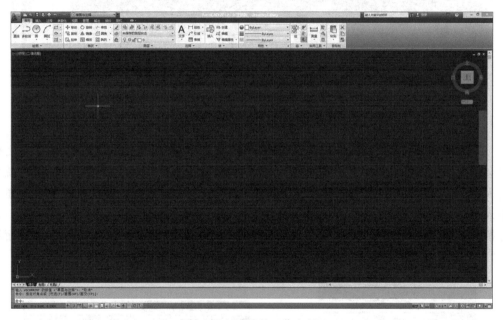

图 2-10　默认的工作空间

第一种是在软件的标题栏找到工作空间的下拉式按钮并单击,可看到如图 2-11 所示的列表,单击第四个选项"AutoCAD 经典"即可改变工作空间。

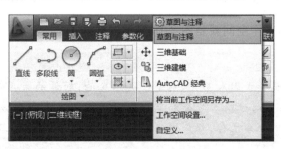

图 2-11　改变工作空间示意图

这样,软件的工作空间就变成 AutoCAD 经典样式了,如图 2-12 所示。

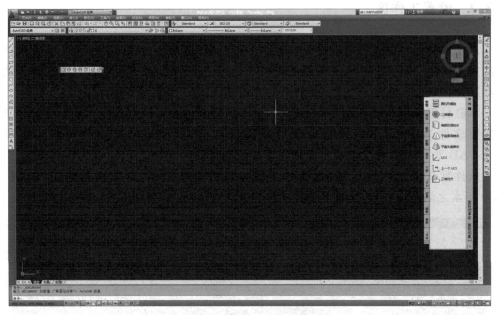

图 2-12　AutoCAD 经典样式界面

第二种方法就是找到软件工作区的右下角,有个"切换工作空间"按钮 ⚙,单击之后也会出现切换工作空间的下拉式列表,单击"AutoCAD 经典"即可。而第三种方法,就是输入命令。命令在软件操作过程中至关重要,关乎绘制图形过程的效率和准确性。通过输入 wsc 命令来改变工作空间。单击软件工作空间下方的命令栏(见图 2-13),输入 wsc 并按空格键,命令行显示为"输入 WSCURRENT 的新值<'草图与注释'>:",在后面输入"AutoCAD 经典"并按 Enter 键,软件的工作空间就改变了(见图 2-14)。

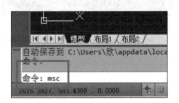

图 2-13　命令栏

图 2-14　输入命令示意图

最终修改完成的工作空间就是图 2-15 显示的样式了。

小提示:

软件的操作界面样式因人而异,不是一成不变的;软件的常用命令必须牢记,用户在使用过程中会发现,通过输入命令和鼠标同时绘图会提高操作效率。建议用户在学习期间做好记录常用命令工作,然后增强操作的熟练度,这样就能尽快地学会并熟练运用 CAD 进行绘图。

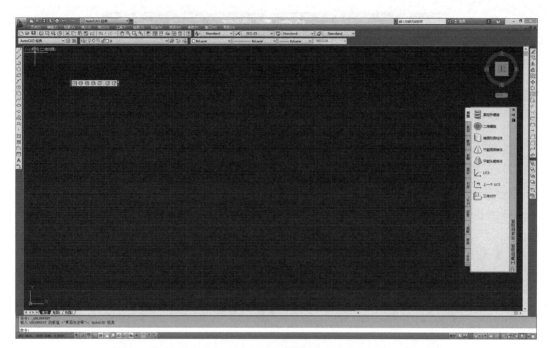

图 2-15　AutoCAD 经典样式界面

2.3.3　配置绘图系统

【执行方式】

命令行：preferences。

菜单：执行"工具"→"选项"命令。

右键菜单：选项（右击，系统打开右键菜单，其中包括一些最常用的命令）。

【操作步骤】

执行上述命令后，系统自动打开"选项"对话框。用户可以在该对话框中选择有关选项，对系统进行配置。例如，当前背景颜色是白色，想修改工作区的背景颜色，可按以下操作进行：执行"工具"→"选项"命令，"选项"对话框就弹出来了。单击第二个选项卡"显示"，在"窗口元素"内容里可以看到"配色方案"后面的下拉式列表，首先选择"暗"，然后在该内容下方找到"颜色…"命令（见图 2-16），单击该命令会弹出"图形窗口颜色"对话框，确定当前的内容是"二维模型空间"，在"界面元素"内容里选择统一背景，然后在右侧"颜色"列表中选择"33,40,48"的颜色。这样就可以自定义工作区背景颜色了（见图 2-17）。

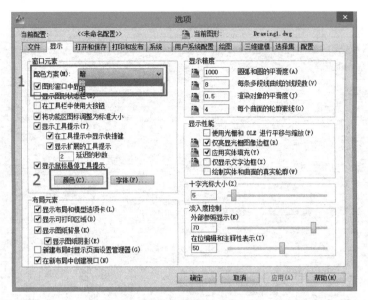

图 2-16 "选项"对话框

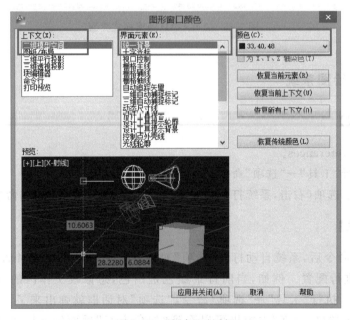

图 2-17 "颜色"对话框

2.4 图形文件的管理

单击"标准"工具栏上的"新建"按钮,或执行"文件"→"新建"命令,软件会弹出"选择样板"对话框,如图 2-18 所示。单击 acadiso. dwt 样板文件然后单击右下角的"打开"命令。

图 2-18 "选择样板"对话框

为了更好地兼容旧版本 CAD 软件制作的图纸,需要为软件设置保存的格式。执行"工具"→"选项"命令,打开"选项"对话框,如图 2-19 所示。

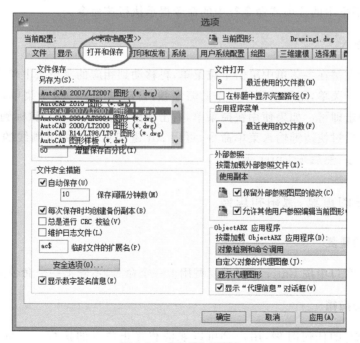

图 2-19 "选项"对话框

找到"打开和保存"选项卡,在文件保存内容中单击"另存为:"下拉式列表,选择"AutoCAD 2007/LT2007 图形"。这样,当用户单击保存文件后,保存的格式就是向下兼容到 2007 版,也就是用 AutoCAD 2007 也能查看了。

2.5 基本输入操作

2.5.1 命令输入方式

1. 键盘输入命令

所有的命令均可以通过键盘输入(不分大小写)。在"命令："提示下,可以通过键盘输入命令名,并按下 Enter 键或空格键予以确认。对命令提示中必须输入的参数,也需要通过键盘输入。大部分命令通过键盘输入时可以缩写,此时可以只输入很少的字母即可执行该命令。如 Circle 命令的缩写为 C(不分大小写)。用户可以定义自己的命令缩写。在大多数情况下,直接输入命令会打开相应的对话框。如果不想使用对话框,可以在命令前加上"-",如-Layer。此时不打开"图层特性管理器"对话框,而是显示等价的命令提示信息,同样可以对图层特性进行设定。

2. 工具栏输入

工具栏(按钮)由表示各个命令的图标组成。单击工具栏中的图标可以调用相应的命令,并根据对话框中的选项或命令行中的命令提示执行该命令。

3. 菜单输入

通过鼠标左键在主菜单中单击下拉菜单,再移动到相应的菜单条上单击对应的命令。如果有下一级了菜单,则移动到菜单条后略停顿,自动弹出下一级了菜单,移动光标到对应的命令上单击即可。如果使用快捷菜单,右击弹出快捷菜单,移动鼠标到对应的菜单项上单击即可。通过快捷键输入菜单命令,可用 Alt 键和菜单中带下画线的字母或光标移动键选择菜单条,然后按 Enter 键即可。

2.5.2 命令的重复、撤销和重做

1. 命令的重复

在命令行窗口中按 Enter 键可重复调用上一个命令,不管上一个命令是否已经完成。

2. 命令的撤销

在命令执行的任何时刻,用户都可以取消和终止命令的执行。该命令的执行方式如下。

命令行：UNDO。

菜单：执行"编辑"→"放弃"命令。

快捷键：Esc。

3. 命令的重做

已被撤销的命令还可以恢复重做。可以恢复撤销的最后一个命令。该命令的执行方式如下。

命令行：REDO。

菜单：执行"编辑"→"重做"命令。

快捷键：Ctrl＋Y。

2.5.3 透明命令

透明命令是指允许在另一个命令运行期间插进去执行的命令。此时,透明命令将被优先执行。提示的行首出现"＞＞"符号,表示处于使用透明命令状态。当这条透明命令执行完毕,原被暂时中止的命令将继续执行。一些用于改变图形设置的命令或辅助绘图命令,已被 AutoCAD 定义为透明命令,如 ZOOM、PAN、HELP、SNAP、GRID、ORTHO、LAYER、SETVAR 等命令。透明命令可以方便用户设置 AutoCAD 的系统变量、调整屏幕显示范围、快速显示相关的帮助信息和使用绘图辅助功能。在绘制复杂图形时,熟练地掌握透明命令的应用,显得尤其重要。在某个命令按钮运行期间调用透明命令的方法有以下几种。

(1) 单击透明命令按钮。在 AutoCAD 中,ZOOM、PAN、HELP、SNAP、GRID、ORTHO、LAYER 等透明命令已列为标准工具栏或状态栏的命令按钮,调用非常方便。

(2) 从菜单中选择。

(3) 在命令行输入一个撇('),接着输入透明命令。

2.5.4 按键定义

在 AutoCAD 中,除了可以通过在命令行窗口输入命令、单击工具栏图标或通过菜单项来完成外,还可以使用键盘上的功能键或快捷键,通过这些功能键或快捷键,可以快速实现指定功能,如按 F1 键,系统将调用 AutoCAD 帮助对话框。快捷键是可以根据每个人的喜好自由定义的。但自由不等于随便,也应该有如下一些原则。

(1) 不产生歧义,尽量不要采用完全不相干的字母。例如,copy 这个命令,就不要用 v 这个字母来定义快捷键,这样容易造成误解、遗忘。

(2) 根据各个命令的出现频率来定义快捷键,定义时,依次采用"1 个字母—1 个字母重复两遍—两个相邻或相近字母—其他"的原则。举个最简单的例子,copy 和 circle。在 AutoCAD 的默认设置中,copy 是 co/cp,circle 是 c。这样的安排不够合理。一般说来,copy 使用的频率比 circle 要高得多,所以可以将 c 定义为 copy 的快捷键。然后,对于 circle,可以采用 cc(第一字母和第四个字母),也可采用 ce(首尾两个字母),这两个都被占用了或者不习惯,再采用 ci。

2.5.5 命令执行方式

有的命令有两种执行方式：通过对话框或通过命令行执行。例如，指定使用命令行窗口方式，可以在命令名前加短线来表示，如-LAYER 表示用命令行方式执行"图层"命令。而如果在命令行输入 LAYER，则系统会自动打开"图层"对话框。

另外，有些命令同时存在命令行、菜单和工具栏 3 种执行方式，这时如果选择菜单或工具栏方式，命令行会显示该命令，并在前面加一个下画线，如通过菜单或工具栏方式执行"直线"命令时，命令行会显示_line，命令的执行过程及结果与命令行方式相同。

2.5.6 数据输入法

大部分 AutoCAD 命令都需要提供有关的数据，如点坐标、距离、角度等。

1. 点坐标的输入

输入点的坐标时，AutoCAD 可以使用 4 种不同的坐标系类型，即笛卡儿坐标系、极坐标系、球面坐标系和柱面坐标系，最常用的是笛卡儿坐标系和极坐标系。

输入点的坐标方法主要有以下几种。

（1）绝对直角坐标是指相对当前坐标原点的坐标。输入格式为：X,Y,Z（为具体的直角坐标值）。在键盘上按顺序直接输入数值，各数之间用","隔开，二维点可直接输入（X、Y）的数值。

（2）绝对极坐标是指通过输入某点距相对当前坐标原点的距离，以及在 XOY 平面中该点和坐标原点的连线与 X 轴正向夹角来确定的位置。输入格式为：$L<\theta$（L 表示某点与当前坐标系原点连线的长度，θ 表示该连线相对于 X 轴正向的夹角，该点绕原点逆时针转过的角度为正值）。

（3）相对直角坐标是指某点相对于已知点沿 X 轴和 Y 轴的位移（ΔX、ΔY）。输入格式为：@X,Y（@称为相对坐标符号，表示以前一点为相对原点，输入当前点的相对直角坐标值）。

（4）相对极坐标是指通过定义某点与已知点之间的距离，以及两点之间连线与 X 轴正向的夹角来定位该点位置。输入格式为：@$L<\theta$（表示以前一点为相对原点，输入当前点的相对极坐标值。L 表示当前点与前一点连线的长度，θ 表示当前点绕相对原点转过的角度，逆时针为正，顺时针为负）。

2. 数值的输入

在 AutoCAD 系统中，一些命令的提示需要输入数值，这些数值有高度、宽度、长度、行数或列数、行间距和列间距等。数值的输入方法有以下两种。

（1）从键盘直接输入数值。

（2）用鼠标指定一点的位置。当已知某一基点时，用鼠标指定另一点的位置，此时，系统会自动计算出基点到指定点的距离,并以该两点之间的距离作为输入的数值。

3. 角度的输入

有些命令的提示要求输入角度。采用的角度制度与精度由 UNITS 命令设置。一般规定,X 轴的正向为 0°方向,逆时针方向为正值,顺时针方向为负值。角度的输入方式有以下两种。

(1) 用键盘输入角度值。

(2) 通过两点输入角度值。通过输入第一点与第二点的连线方向确定角度(应注意其大小与输入点的顺序有关)。规定第一点为起始点,第二点为终点,角度数值是指从起点到终点的连线,与起始点为原点、X 轴的正向、逆时针转动所夹的角度。

小　　结

本单元介绍了与 AutoCAD 2012 相关的一些基本概念和基本操作,其中包括如何启动 AutoCAD 2012;AutoCAD 2012 工作界面的组成及其功能;AutoCAD 命令及其执行方式;图形文件管理,包括新建图形文件、打开已有图形文件、保存图形;用 AutoCAD 2012 绘图时的基本设置,如设置图形界限、绘图单位和系统变量;AutoCAD 2012 命令和数据的输入方法等。对于命令输入方面,要求大家重点掌握键盘输入、下拉菜单输入、工具条输入、快捷菜单输入、重复命令输入和透明命令输入等命令输入方法;对于数据输入方面,要求大家重点掌握绝对直角坐标、绝对极坐标、相对直角坐标、相对极坐标以及其他数据(如长度、角度、半径等)的输入方法。

思考与习题

1. 填空题

(1) AutoCAD 是美国 Autodesk 公司开发的_____软件,运行 AutoCAD 软件应基于_____操作平台。

(2) AutoCAD 为用户提供了_____和_____两种绘图空间,两种绘图空间的_____图标显示是不同的。

(3) AutoCAD 有 5 个的基本功能,它们分别是编辑功能、_____、输出与打印功能、_____和_____。

(4) 命令的强制终止方式通常有_____、_____、_____、_____和_____5 种。

（5）"启动"对话框有 4 个按钮（图标），分别是 _____、_____、_____、_____。

2. 选择题

（1）当丢失了下拉菜单,可以用下面（　　）命令重新加载标准菜单。
    A. NEW   B. OPEN   C. MENU   D. LOAD

（2）AutoCAD 环境文件在不同的计算机上使用而（　　）。
    A. 效果相同   B. 效果不同
    C. 与操作环境有关   D. 与计算机 CPU 有关

（3）在十字光标处被调用的菜单,称为（　　）。
    A. 鼠标菜单   B. 十字交叉线菜单
    C. 快捷菜单   D. 此处不出现菜单

（4）可以利用以下（　　）方法来调用命令。
    A. 选择下拉菜单中的菜单项
    B. 单击工具栏上的按钮
    C. 在命令状态行输入命令
    D. 三者均可

（5）取消命令执行的键是（　　）。
    A. 按 Esc 键   B. 按鼠标右键
    C. 按 Enter 键   D. 按 F1 键

（6）AutoCAD 图形文件和样板文件的扩展名分别是（　　）。
    A. DWT、DWG   B. DWG、DWT
    C. BMP、BAK   D. BAK、BMP

（7）在命令行状态下,不能调用帮助功能的操作是（　　）。
    A. 输入 HELP 命令   B. 快捷键 Ctrl+H
    C. 功能键 F1   D. 输入"?"

（8）（　　）功能键可以进入文本窗口。
    A. F2   B. F3
    C. F1   D. F4

3. 简答题

（1）简述新建文件的 3 种方法。

（2）简述 AutoCAD 命令的运行及终止方式。

（3）如何设置绘图环境？

（4）创建一个新的图形文件,将其保存为 yy.dwg 文件。

（5）在 AutoCAD 软件中主要有哪几种命令执行方式？至少列举两种。

（6）如何将绘图区的某个局部放大显示？

技 能 训 练

》》》》训练一：设置绘图环境

【训练目的】

任何一个图形文件都有一个特定的绘图环境,包括图形边界、绘图单位和角度等。设置绘图环境通常有两种方法,即设置向导与单独的命令设置方法。通过本次训练,可以促进读者对图形总体环境的认识。

【训练内容】

(1) 执行"文件"→"新建"命令,系统打开"选择样板图"对话框。
(2) 选择合适的样板图,打开一个新图形文件。
(3) 执行"格式"→"单位"命令,系统打开"图形单位"对话框。
(4) 分别逐项选择:类型为"小数",精度为 0.00;角度为"度/分/秒",精度为"0d00'00'";选中"顺时针"复选框,插入时的缩放单位为"毫米",单击"确定"按钮。

》》》》训练二：熟悉操作界面

【训练目的】

操作界面是用户绘制图形的平台,操作界面的各个部分都有其独特的功能,熟悉操作界面有助于用户方便快速地进行绘图。本训练要求读者了解操作界面各部分的功能,掌握改变绘图窗口颜色和光标大小的方法,能够熟练地打开、移动、关闭工具栏。

【训练内容】

(1) 启动 AutoCAD 2012,进入绘图界面。
(2) 调整操作界面大小。
(3) 设置绘图窗口颜色与光标大小。
(4) 打开、移动、关闭工具栏。
(5) 尝试同时利用命令行、下拉菜单和工具栏绘制一条线段。

》》》》训练三：管理图形文件

【训练目的】

图形文件管理包括文件的新建、打开、保存、加密和退出等。本训练要求读者熟练掌握 DWG 文件的保存、自动保存、加密以及打开的方法。

【训练内容】

（1）启动 AutoCAD 2012，进入绘图界面。
（2）打开一幅已经保存过的图形。
（3）进行自动保存设置。
（4）进行加密设置。
（5）将图形以新的名字保存。
（6）尝试在图形上绘制任意图形。
（7）退出该图形文件。
（8）尝试重新打开按新名称保存的原图形文件。

》》》》训练四：输入数据

【训练目的】

AutoCAD 2012 人机交互的最基本内容就是数据输入。本实验要求读者灵活熟练地掌握各种数据的输入方法。

【训练内容】

（1）在命令行输入 LINE 命令。
（2）输入起点的直角坐标方式下的绝对坐标值。
（3）输入下一点的直角坐标方式下的相对坐标值。
（4）输入下一点的极坐标方式下的绝对坐标值。
（5）输入下一点的极坐标方式下的相对坐标值。
（6）用鼠标直接指定下一点的位置。
（7）单击状态栏上的"正交模式"按钮，用鼠标拉出下一点方向，在命令行输入一个数值。
（8）按 Enter 键结束绘制线段的操作。

单元三　AutoCAD 软件的基本操作

【学习目标】

(1) 掌握基本绘图命令。

(2) 掌握区域填充与面域绘制方法。

(3) 掌握对象捕捉的方法。

(4) 掌握填充图案及块的编辑方法。

(5) 掌握字体与样式的设置、输入特殊字符、标注文本、文本编辑的方法。

【知识导读】

对图形进行编辑加工是绘图过程中必不可少的工作。AutoCAD 提供了与之相应的一系列命令,用户可以应用这些命令来对图形进行编辑加工。

在 AutoCAD 中,二维绘图指的是绘制平面图形,而平面图形是由点、直线、圆、矩形、多边形、圆弧、椭圆等基本的图形单元构成的,简称为图元,这些图元是构成复杂图形的基本要素。在绘图过程中,有时需要给图形标注一些恰当的文本说明,使图形更加明白、清楚。从而完整地表达其设计意图。本单元将学习各种二维图形的绘制方法及设置技巧以及文字样式的设置、文本编辑等的方法。

3.1　绘制简单的二维图形

3.1.1　绘制直线

绘制直线的步骤如下。

(1) 菜单:单击"绘图"工具栏上的"直线"按钮,或执行"绘图"→"直线"命令,即执行 LINE 命令。

(2) 指定第一点:用鼠标指定起点。

(3) 确定另一点:可以使用定点设备,也可以在命令提示下输入坐标值。

(4) 指定端点以完成第一条直线段。

(5) 要在执行 LINE 命令期间放弃前一条直线段,请输入 u 或单击工具栏上的"放弃"。

(6) 指定其他直线段的端点。

(7) 按 Enter 键结束,或者输入 c 使一系列直线段闭合。

(8) 要以上次绘制的直线的端点为起点绘制新的直线,请再次启动 LINE 命令,然后在出现"指定起点"提示后按 Enter 键。

3.1.2 绘制射线

射线是三维空间中起始于指定点并且无限延伸的直线。与在两个方向上延伸的构造线不同,射线仅在一个方向上延伸。使用射线代替构造线有助于降低视觉混乱。与构造线相同,显示图形范围的命令会忽略射线。

起点和通过点定义了射线延伸的方向,射线在此方向上延伸到显示区域的边界。重显示输入通过点的提示以便创建多条射线。按 Enter 键结束命令。

3.1.3 绘制构造线

绘制两个方向无限长的直线。构造线一般用作辅助线。单击工具箱里的构造线命令 ,即可执行构造线命令。

3.1.4 绘制多段线

多段线提供单个直线不具备的编辑功能,可调整多段线的宽度。用户可以:
(1) 创建圆弧多段线。
(2) 将样条曲线拟合多段线转换为真正的样条曲线。
(3) 使用闭合多段线创建多边形。

单击工具箱里的多段线工具,每单击一下便是确定一个点,要闭合多段线就按 C 键,然后按全格键即可;若想放弃当前绘制,则按 U 键,然后按空格键就可以重新绘制。

注意:用多段线命令绘制的图形是一个完整的闭合图形,如图 3-1 所示。

3.1.5 绘制多线

可以通过执行 ML 命令来绘制多线。

多线的设置:对正、比例和样式。其中对正是指多线(与鼠标绘制路径)的对齐方式;比例可以理解为多线间的距离。通过按 C 键来闭合路径。绘制的多线如图 3-2 所示。

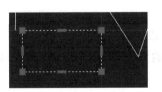

图 3-1 闭合图形示意图

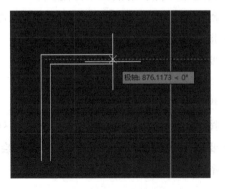

图 3-2 绘制多线示意图

3.1.6 迹线

命令：Trace。

Trace 命令主要用于绘制具有一定宽度的实体线。在命令行输入 Trace 即可执行迹线命令。

执行 Trace 命令后，系统提示：

> 迹线宽度<1>：

可在此提示下直接输入线宽值或用鼠标指定两点，两点之间的长度即为线宽。输入线宽后，系统提示指定迹线的起点和下一点，可输入点的坐标或直接用鼠标在绘图区域拾取点。

3.1.7 绘制矩形

根据指定的尺寸或条件绘制矩形，绘制方法如下。

单击绘图工具栏上的矩形按钮或输入 REC 命令来绘制矩形。可以用鼠标左键单击来确定矩形的 4 个点，绘制完成后按空格键即可。绘制的矩形如图 3-3 所示。

3.1.8 绘制正多边形

创建正多边形是绘制正方形、等边三角形、八边形等图形的简单方法。绘制正多边形的命令是Polygon。可以通过 3 种方法启动 Polygon 命令。

(1) 执行"绘图"→"正多边形"命令。

(2) 单击"绘图"工具栏上的"正多边形"按钮。

(3) 命令行输入 Polygon。

之后，AutoCAD 提示：

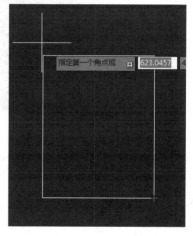

图 3-3　绘制矩形示意图

> 指定正多边形的中心点或 [边(E)]：

1. 指定正多边形的中心点

此默认选项要求用户确定正多边形的中心点，指定后将利用多边形的假想外接圆或内切圆绘制等边多边形。执行该选项，即确定多边形的中心点后，AutoCAD 提示：

> 输入选项 [内接于圆(I)/外切于圆(C)]：

其中，"内接于圆"选项表示所绘制多边形将内接于假想的圆。"外切于圆"选项表示所绘制多边形将外切于假想的圆。

2. 指定正多边形的中心点边

根据多边形某一条边的两个端点绘制多边形。

3.1.9 绘制样条曲线

创建通过或接近指定点的平滑曲线,SPLINE 创建非均匀样条曲线(NURBS)的曲线,称为样条曲线。

单击"绘图"工具箱中的"样条曲线"命令按钮 ∿,然后在绘图区域单击开始绘制。绘制时首先单击确定起始点,然后在工作区中移动鼠标至需要单击的位置并单击确定第二个点。以此类推来绘制样条曲线。样条曲线示意图如图 3-4 所示。

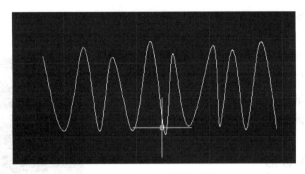

图 3-4 样条曲线效果图

在建筑制图和商品房平面图中,样条曲线通常可以表现软装效果,例如窗帘。

3.1.10 云线

定义:一条由圆弧组成的线条。

命令:revcloud。

命令位置:执行"绘图"→"云线"命令。

工具栏: 🔲。

绘制方法:执行命令后,直接用鼠标在视图中移动绘制。

选项:(1) 弧长(A):设置组成云线的最大弧长和最小弧长。

(2) 对象(O):将其他线条转换为云线。

3.1.11 绘制曲线对象

1. 绘制圆形

单击"绘图"工具箱里的圆形工具 ⊘,或输入命令 C 然后按空格键,可以看到,在软件的命令输入框里有 3 个提示【三点/两点/相切、相切、半径】。可以按照提示来绘制三点或两点确定一个圆,或与 3 个边相切来确定一个圆,例如在三角形内部绘制圆。

绘制方法:切换到圆命令后,单击绘图区域确定圆心,然后移动鼠标来确定直径。如果需要精确绘制直径,那么在确定圆心之后就要输入数值了。例如画一个直径为 20cm 的圆,首先确定圆心,然后按照命令框里的提示输入命令 D 来输入直径 200,然后按空格键结束。这样直径 20cm 的圆就画完了,效果如图 3-5 所示。

2. 绘制圆环

执行"菜单"→"圆环"命令,首先输入圆环的内径,然后输入圆环的外径,最后在绘图区内单击即可。圆环就绘制完成了,效果如图 3-6 所示。

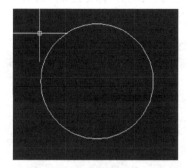
图 3-5 绘制圆形效果图

图 3-6 绘制圆环效果图

3. 绘制圆弧

AutoCAD 提供了多达十种绘制圆弧的方法,具体内容可在"绘图"→"圆弧"命令下面找到,如图 3-7 所示。

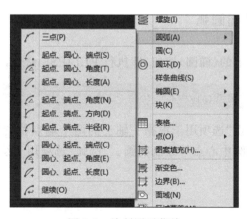
图 3-7 绘制圆弧菜单

单击工具箱中的圆弧工具，或输入命令 ARC,然后在绘图区域内绘制圆弧即可。例如绘制一个房门。步骤如下。

(1) 绘制一个尺寸为 800×30 的矩形,输入 REC 命令,然后在绘图区域内单击,根据命令提示,输入 D 并按空格键来确定矩形的长度,这时输入 800 并按空格键。

(2)根据命令提示,输入 30,并按空格键。绘制命令界面如图 3-8 所示。最后单击绘图区域,这样一个指定尺寸的矩形就绘制完成了。完成效果如图 3-9 所示。

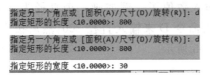

图 3-8　绘制矩形命令界面

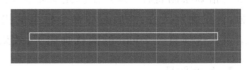

图 3-9　门效果图

(3)下面绘制一个圆弧来表示门开启的方向。

如果门是右侧开启,那么圆弧就应该选用"起点、圆心、端点"命令绘制,如图 3-10 所示。

(4)用直线工具连接端点和圆心来表示门闭合时的位置。完成效果如图 3-11 所示。

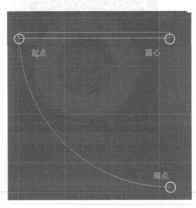

图 3-10　门开启的方向效果图

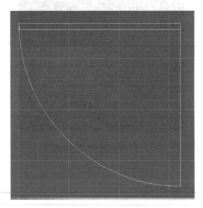

图 3-11　完成效果图

3.1.12　绘制椭圆和椭圆弧

单击"绘图"工具栏上的(椭圆)按钮,即执行 ELLIPSE 命令,AutoCAD 提示:

指定椭圆的轴端点或 [圆弧(A)/中心点(C)]:

其中,"指定椭圆的轴端点"选项用于根据一轴上的两个端点位置等绘制椭圆。"中心点"选项用于根据指定的椭圆中心点等绘制椭圆。"圆弧"选项用于绘制椭圆弧。

3.1.13　绘制点

单击工具箱中的"点"工具,或输入 PO 命令来绘制点。点的样式多达 20 种,可以通过快捷键 Alt+O+P 来设置。点样式工具如图 3-12 所示。

如果要自定义点的样式,通常选择图 3-13 中红圈的样式即可。在"点样式"对话框里面其他内容保持不变,如图 3-13 所示。

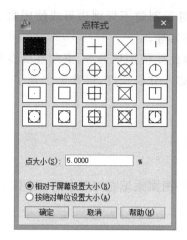
图 3-12 "点"样式工具

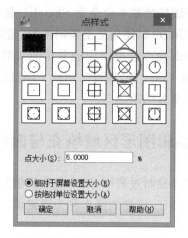
图 3-13 选择点样式示意图

点其中一个应用就是"定距等分"。在指定的对象上按指定的间隔放置点,操作步骤如下。

首先绘制一条直线,长度为 860mm。

执行"绘图"→"点"→"定距等分"命令。

这时单击要等分的直线,直线变成虚线了,表示现在可以输入一个指定线段长度。输入 70 并按空格键。这样间隔 70mm 的等分效果就绘制完成了。等分效果如图 3-14 所示。

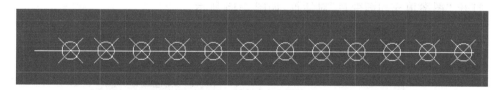

图 3-14 等分效果图

3.1.14 折断线

绘制折断线的基本命令是 Breakline。

执行 Breakline 命令后,系统提示:"块=brkline.dwg,块尺寸=1.000,延伸距=1.250,指定折断线起点或[块(B)/尺寸(S)/延伸(E)]:"。折断线命令的各选项含义说明如下。

块(B):为折断线符号指定块名<brkline.dwg>。

尺寸(S):折断线符号尺寸。

延伸(E):折断线延伸距离。

3.1.15 徒手画线

用户可以通过徒手画线命令随意勾画自己所需要的图案。

徒手画线的基本命令是 Sketch。徒手画线对于创建不规则边界或使用数字化仪追踪非常有用,可以使用徒手绘制图形、轮廓线及签名等。

Sketch 命令没有对应的菜单或工具按钮,因此要使用该命令,必须在命令行中输入Sketch,按 Enter 键,即可启动徒手画线的命令,输入分段长度,屏幕上出现了一支铅笔,鼠标轨迹变为线条。

3.2 编辑图形区域填充与面域绘制

在图样绘制过程中,用户经常要重复绘制某些图案来填充图形中的一个区域,以表达该区域的特征,这样的操作称为图案填充。

3.2.1 区域填充

将某种图案填充到封闭区域中称为图案填充。

可以通过命令行、菜单、工具栏进行图案填充。

命令行:Bhatch/Hatch(H)。

菜单:执行"绘图"→"图案填充"命令。

工具栏: 。

打开"图案填充和渐变色"对话框,如图 3-15 所示。

图 3-15 "图案填充和渐变色"对话框

第一步：设置图案和渐变色。

对话框中有"图案填充"和"渐变色"两个选项卡。

(1)"图案填充"选项卡。

此选项卡用于设置填充图案以及相关的填充参数。其中，"类型和图案"选项组用于设置填充图案以及相关的填充参数。可通过"类型和图案"选项组确定填充类型与图案，通过"角度和比例"选项组设置填充图案时的图案旋转角度和缩放比例，"图案填充原点"选项组控制生成填充图案时的起始位置，"添加:拾取点"按钮和"添加:选择对象"用于确定填充区域。

(2)"渐变色"选项卡。

单击"图案填充和渐变色"对话框中的"渐变色"标签，AutoCAD 切换到"渐变色"选项卡，如图 3-16 所示。

图 3-16 "渐变色"选项卡

该选项卡用于以渐变方式实现填充。其中，"单色"和"双色"两个单选按钮用于确定是以一种颜色填充，还是以两种颜色填充。当以一种颜色填充时，可利用位于"双色"单选按钮下方的滑块调整所填充颜色的浓淡度。当以两种颜色填充时(选中"双色"单选按钮)，位于"双色"单选按钮下方的滑块变成与其左侧相同的颜色框和按钮，用于确定另一种颜色。位于选项卡中间位置的 9 个图像按钮用于确定填充方式。

此外，还可以通过"角度"下拉列表框确定以渐变方式填充时的旋转角度，通过"居中"复选框指定对称的渐变配置。如果没有选定此选项，渐变填充将朝左上方变化，可创建出光源在对象左边的图案。

第二步：确定填充边界。

AutoCAD 2012 为用户提供了两种指定图案边界的方法，分别是通过拾取点和选择对象来确定填充的边界。

"添加：拾取点"：点取需要填充区域内的一点，系统将寻找包含该点的封闭区域填充。

"添加：选择对象"：用鼠标来选择要填充的对象，常用在多个或多重嵌套的图形。

删除边界：将多余的对象排除在边界集外，使其不参与边界计算，如图 3-17 所示。

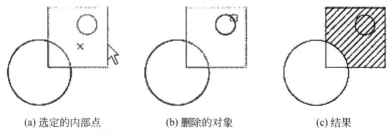

(a) 选定的内部点　　　　(b) 删除的对象　　　　(c) 结果

图 3-17　删除边界示意图

重新创建边界：以填充图案自身补全其边界，采取编辑已有图案的方式，可将生成的边界类型定义为面域或多段线，如图 3-18 所示。

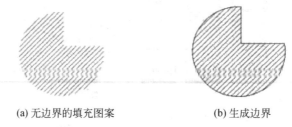

(a) 无边界的填充图案　　　　　　(b) 生成边界

图 3-18　"渐变色"选项卡

查看选择集：单击此按钮后，可在绘图区域亮显当前定义的边界集合。

在默认的情况下，"其他选项"栏是被隐藏起来的，当单击"其他选项"的按钮时，将其展开后可以拉出如图 3-19 所示的对话框。

其中，"孤岛检测"复选框确定是否进行孤岛检测以及孤岛检测的方式。"边界保留"选项组用于指定是否将填充边界保留为对象，并确定其对象类型。

AutoCAD 2012 允许将实际上并没有完全封闭的边界用作填充边界。如果在"允许的间隙"文本框中指定了值，该值就是 AutoCAD 确定填充边界时可以忽略的最大间隙，即如果边界有间隙，且各间隙均小于或等于设置的允许值，那么这些间隙均会被忽略，AutoCAD 将对应的边界视为封闭边界。

如果在"允许的间隙"编辑框中指定了值，当通过"拾取点"按钮指定的填充边界为非封闭边界且边界间隙小于或等于设定的值时，AutoCAD 会打开如图 3-20 所示的"图案填充-开放边界警告"窗口，如果单击"继续填充此区域"行，AutoCAD 将对非封闭图形进行图案填充。

图 3-19 "其他选项"展开后的"图案填充和渐变色"对话框

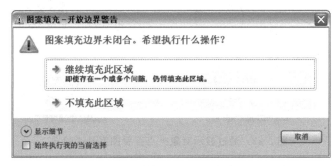

图 3-20 "图案填充-开放边界警告"窗口

保留边界：此复选框用于以临时图案填充边界创建边界对象,并将它们添加到图形中,在对象类型栏内选择边界的类型是面域或多段线。

边界集：用户可以指定比屏幕显示小的边界集,在一些相对复杂的图形中需要进行长时间分析操作时可以使用此项功能。

允许的间隙：一幅图形中有些边界区域并非是严格封闭的,接口处存在一定空隙,而且空隙往往比较小,不易观察到,造成边界计算异常,AutoCAD 2012 考虑到这种情况,设计了此选项,使在可控制的范围内即使边界不封闭也能够完成填充操作。

继承选项：当用户使用"继承特性"创建图案填充时,将以这里的设置来控制图案填充原点的位置。

使用当前原点：此项表示以当前的图案填充原点设置为目标图案填充的原点;"使用源图案填充的原点"表示以复制的源图案填充的原点为目标图案填充的原点。

关联：确定填充图样与边界的关系。若打开此项，那么填充图样与填充边界保持着关联关系，当填充边界被缩放或移动时，填充图样也相应跟着变化，系统默认是关联，如图 3-21(a)所示。

如果把关联前的小框中的钩去掉，就是关闭此开关，那么图案与边界不再关联，也就是填充图样不跟着变化，如图 3-21(b)所示。

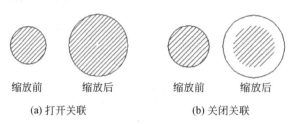

缩放前　　　缩放后　　　　　缩放前　　　缩放后

(a) 打开关联　　　　　　　　(b) 关闭关联

图 3-21　填充图样与边界的关联

创建独立的图案填充：对于有多个独立封闭边界的情况下，AutoCAD 2012 可以用两种方式创建填充：一种是将几处的图案定义为一个整体；另一种是将各处图案独立定义，如图 3-22 所示。通过显示对象夹点可以看出，在未选择此项时创建的填充图案是一个整体，而选择此项时创建的是 3 个填充图案。

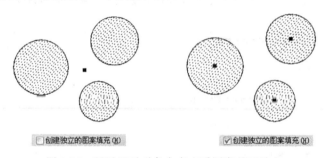

图 3-22　通过显示对象夹点查看图案是否独立

绘图次序：当填充图案发生重叠时，用此项设置来控制图案的显示层次，下面的 4 个示图展现了指定特定设置的效果，如图 3-23 所示，当选择"不确定"时，则按照实际绘图顺序后绘制的对象处于顶层。

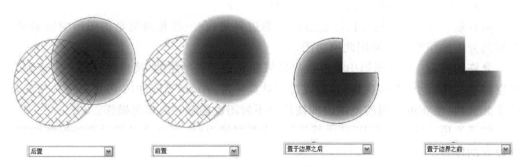

图 3-23　控制图案的显示层次

继承特性：用于将源填充图案的特性匹配到目标图案上，并且可以在继承选项里指定继承的原点。

3.2.2　面域绘制

面域是指内部可以含有孤岛的具体边界的平面，它不但包含了边的信息，还包含边界内的面的信息。

1. 创建面域

【命令格式】

命令行：Region（REG）。

菜单：执行"绘图"→"面域(N)"命令。

工具栏："绘图"→"面域" 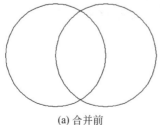 。

【操作步骤】

命令：_Region	
选择对象：选择要创建面域的对象	
选择集当中的对象：X	提示已选中 X 个对象
选择对象：	按 Enter 键完成命令或继续选择对象
创建了 X 个面域	提示已创建了 X 个面域

2. 面域的求并运算

【命令格式】

命令行：Union（UNI）.

菜单：执行"修改"→"实体编辑"→"并集(U)"命令。

工具栏："实体编辑"→"并集" 。

并集命令用于将两个或多个面域合并为一个单独的面域。

【操作步骤】

用并集命令将图 3-24(a)中两圆形面域合并成图 3-24(b)中的效果，具体操作步骤如下。

(a) 合并前　　　　　　　　　　　　(b) 合并后

图 3-24　面域的并集运算

命令: Union   执行 Union 命令
选取连接的 ACIS 对象: 点选左边的圆
选择集当中的对象: 1   提示已选中一个对象
选取连接的 ACIS 对象: 再点选右边的圆
选择集当中的对象: 2   提示已选中两个对象
选取连接的 ACIS 对象: 按 Enter 键完成命令或继续选择对象

3. 面域的求差运算

【命令格式】

命令行: Subtract (SU)。

菜单: 执行"修改"→"实体编辑"→"差集(S)"命令。

工具栏:"实体编辑"→"差集"

差集命令是指将从一个或多个面域中减去另一个或多个面域。

【操作步骤】

用差集命令将图 3-25(a)中两圆形面域合并成图 3-25(b)中的效果,具体操作步骤如下。

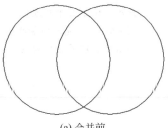

(a) 合并前   (b) 合并后

图 3-25　面域的差集运算

命令: Subtract   执行 Subtract 命令
选择从中减去的 ACIS 对象: 点选左边的圆并按 Enter 键
选择集当中的对象: 1   提示已选中一个对象
选择从中减去的 ACIS 对象: 再点选右边的圆
选择用来减的 ACIS 对象: 按 Enter 键
选择集当中的对象: 1   提示已选中一个对象
选择用来减的 ACIS 对象: 按 Enter 键完成命令

4. 面域的求交运算

【命令格式】

命令行: Intersect (IN)。

菜单: 执行"修改"→"实体编辑"→"交集(S)"命令。

工具栏:"实体编辑"→"交集" 。

交集命令是指将两个或多个相交面域的公共部分提取出来成为一个对象。

【操作步骤】

用交集命令将图 3-26(a)中两圆形面域合并成图 3-26(b)中的效果,具体操作步骤如下。

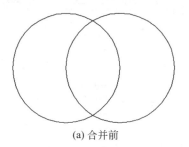 

(a) 合并前　　　　　　　　　　　　(b) 合并后

图 3-26　面域的交集运算

命令: Intersect	执行 Intersect 命令
选取被相交的 ACIS 对象:	点选左边的圆
选择集当中的对象: 1	提示已选中一个对象
选取被相交的 ACIS 对象:	再点选右边的圆
选择集当中的对象: 2	提示已选中两个对象
选取被相交的 ACIS 对象:	按 Enter 键完成命令或继续选择对象

3.3　文字绘制

3.3.1　设置文字样式

AutoCAD 图形中的文字是根据当前文字样式标注的。文字样式说明所标注文字使用的字体以及其他设置,如字高、字颜色、文字标注方向等。AutoCAD 2012 为用户提供了默认文字样式 Standard。当在 AutoCAD 中标注文字时,如果系统提供的文字样式不能满足国家制图标准或用户的要求,则应首先定义文字样式。

命令: STYLE。

单击对应的工具栏按钮,或执行"格式"→"文字样式"命令,即执行 STYLE 命令,AutoCAD 弹出如图 3-27 所示的"文字样式"对话框。

对话框中,"样式"列表框中列有当前已定义的文字样式,用户可从中选择对应的样式作为当前样式或进行样式修改。"字体"选项组用于确定所采用的字体。"大小"选项组用于指定文字的高度。"效果"选项组用于设置字体的某些特征,如字的宽高比(即宽度比例)、倾斜角度、是否倒置显示、是否反向显示以及是否垂直显示等。预览框组用于预览所选择或所定义文字样式的标注效果。"新建"按钮用于创建新样式。"置为当前"按钮用于将选定的样式设为当前样式。"应用"按钮用于确认用户对文字样式的设置。单击"确定"按钮,AutoCAD 关闭"文字样式"对话框。

图 3-27 "文字样式"对话框

3.3.2 单行文本标注

用 DTEXT 命令标注文字

命令：DTEXT。

执行"绘图"→"文字"→"单行文字"命令,即执行 DTEXT 命令,AutoCAD 提示:

当前文字样式:文字 35 当前文字高度:2.5000
指定文字的起点或 [对正(J)/样式(S)]:

第一行提示信息说明当前文字样式以及字高度。第二行中,"指定文字的起点"选项用于确定文字行的起点位置。用户响应后,AutoCAD 提示:

指定高度:(输入文字的高度值)
指定文字的旋转角度 <0>:(输入文字行的旋转角度)

然后,AutoCAD 在绘图屏幕上显示出一个表示文字位置的方框,用户在其中输入要标注的文字后,按两次 Enter 键,即可完成文字的标注。

3.3.3 多行文本标注

多行文本标注使用在位文字编辑器。单击对应的工具栏按钮,或执行"绘图"→"文字"→"多行文字"命令,即执行 MTEXT 命令,AutoCAD 提示:

指定第一角点:

在此提示下指定一点作为第一角点后，AutoCAD 继续提示：

指定对角点或 [高度(H)/对正(J)/行距(L)/旋转(R)/样式(S)/宽度(W)]:

如果响应默认项，即指定另一角点的位置，AutoCAD 弹出如图 3-28 所示的在位文字编辑器。

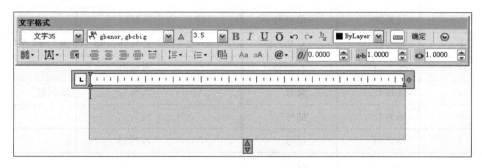

图 3-28　在位文字编辑器

在位文字编辑器由"文字格式"工具栏和水平标尺等组成，工具栏上有一些下拉列表框、按钮等。用户可通过该编辑器输入要标注的文字，并进行相关标注设置。

3.3.4　特殊字符输入

1. 功能描述

在标注文本时，常常需要输入一些特殊字符，如上画线、下画线、直径、度数、公差符号和百分比符号等。多行文字可以用上/下画线按钮及右键菜单中的"符号"菜单来实现。针对单行文字(Text)，AutoCAD 2012 提供了一些带两个百分号(%%)的控制代码来生成这些特殊符号。表 3-1 列出了一些特殊字符的输入及其含义。

表 3-1　特殊字符的输入及其含义

特殊字符	代码输入	说　明	特殊字符	代码输入	说　明
±	%%P	公差符号	Φ	%%C	直径符号
—	%%O	上画线	°	%%D	角度
＿	%%U	下画线		%%nnn	nnn 为 ASCII 码
%	%%%	百分比符号			

2. 其余特殊字符代码输入

表 3-2 列出了一些其余字符的输入及其含义。

表 3-2 其余字符的输入及其含义

特殊字符	代码输入	说　　明	特殊字符	代码输入	说　　明
$	％％36		＝	％％61	等于号
％	％％37		＞	％％62	大于号
＆	％％38		？	％％63	问号
'	％％39	单引号	@	％％64	
（	％％40	左括号	A～Z	％％65～90	大写 26 个字母
）	％％41	右括号	［	％％91	
*	％％42	乘号	\	％％92	反斜杠
＋	％％43	加号	］	％％93	
,	％％44	逗号	＾	％％94	
—	％％45	减号	_	％％95	
。	％％46	句号	'	％％96	单引号
／	％％47	除号	a～z	％％97～122	小写 26 个字母
0～9	％％48～57	数字	{	％％123	左大括号
：	％％58	冒号			％％124	
；	％％59	分号	}	％％125	右大括号
＜	％％60	小于号	～	％％126	

3.3.5　编辑文本

命令：DDEDIT。

单击"文字"工具栏上的(编辑文字)按钮,或执行"修改"→"对象"→"文字"→"编辑"命令,即执行 DDEDIT 命令,AutoCAD 提示：

> 选择注释对象或 ［放弃(U)］：

此时应选择需要编辑的文字。标注文字时使用的标注方法不同,选择文字后AutoCAD 给出的响应也不相同。如果所选择的文字是用 DTEXT 命令标注的,选择文字对象后,AutoCAD 会在该文字四周显示出一个方框,此时用户可直接修改对应的文字。

如果在"选择注释对象或 ［放弃(U)］:"提示下选择的文字是用 MTEXT 命令标注的,AutoCAD 则会弹出在位文字编辑器,并在该对话框中显示出所选择的文字,供用户编辑、修改。

3.3.6 快显文本

【命令格式】

命令行：Qtext。

Qtext 命令可设置文本快速显示，当图形中采用了大量的复杂构造文字时会降低 Zoom、Redraw 等命令的速度，Qtext 命令可采用外轮廓线框来表示一串字符，对字符本身不予显示，这样就可以大大提高图形的重新生成速度。

【操作步骤】

将文本以快显方式打开，然后重新显示图 3-29(a)所示的文本，结果如图 3-29(b)所示。

Select objects

The line objects have been placed

Zoom, Regan

(a) 文本   (b) 显示结果

图 3-29　文本快显方式

其操作步骤如下：

命令：Qtext	执行 Qtext 命令
QTEXTMODE 已经关闭：打开(ON)/切换(T)/<关闭>：ON	文本快显打开
命令：regen	图形重新生成

小提示：

（1）绘图时，可用简体字型输入全部文本，待最后出图时，再用复杂的字体替换，这样可加快缩放(Zoom)、重画(Redraw)及重生成(Regen)的速度。

（2）在标注文本时可以采用 Qtext 命令来实现文本快显，在打印文件时应该将文本快显设置关掉，否则打印出的文本将是一些外轮廓框线。

3.3.7 调整文本

【命令格式】

命令行：Textfit。

菜单：执行"ET 扩展工具"→"文本工具"→"调整文本"命令。

工具栏：单击"文本工具"→"调整文本"。

Textfit 命令可使 Text 文本在字高不变的情况下，通过调整宽度，在指定的两点间自动匹配对齐。对于那些需要将文字限制在某个范围内的注释可采用该命令编辑。

【操作步骤】

用 Textfit 命令将图 3-30(a)所示文本移动并压缩至与椭圆匹配，结果如图 3-30(b)

所示。

(a) 调整前　　　　　　　　　　　　(b) 调整后

图 3-30　用 Textfit 命令将文本调整与椭圆匹配

其操作步骤如下。

命令：Textfit　　　　　　　　　　　执行 Textfit 命令
请选择要编辑的文字：点取图 3-30(a)中的文本　选取要编辑的文本
请输入文字长度或选择终点：鼠标点取或直接输入数字

小提示：

（1）文本的拉伸或压缩只能在水平方向进行。如果指定对齐的两点不在同一水平线上，系统会自动测量两点间的距离，并以此距离在水平方向上进行自动匹配文本终点。

（2）该命令只对 Text 文本有效。

3.3.8　文本屏蔽

【命令格式】

命令行：Textmask。

菜单：执行"ET 扩展工具"→"文本工具"→"文本屏蔽"命令。

工具栏：单击"文本工具"→"文本屏蔽"图标。

Textmask 命令可在 Text 或 Mtext 命令标注的文本后面放置一个遮罩，该遮罩将遮挡其后面的实体，而位于遮罩前的文本将保留显示。采用遮罩，实体与文本重叠相交的地方，实体部分将被遮挡，从而使文本内容容易观察，使图纸看起来清楚而不杂乱。

【操作步骤】

用 Textmask 命令将图 3-31(a)中与 Textmask 重叠的部分图形用于屏蔽挡住，效果如图 3-31(b)所示。

(a) 屏蔽前　　　　　　　　　　　　(b) 屏蔽后

图 3-31　图形被屏蔽挡住

其操作步骤如下。

执行 Textmask 命令
选择要屏蔽的文本对象或 [屏蔽类型[M]/偏移因子[O]]:M
修改屏蔽类型
指定屏蔽使用的实体类型 [Wipeout/3dface/Solid] <Wipeout>:S
选择 solid 的屏蔽类型
弹出索引颜色对话框,选择 7 洋红颜色
选择要屏蔽的文本对象或 [屏蔽类型[M]/偏移因子[O]]:点取图(a)文本
选取要屏蔽的文本

以上各项提示的含义和功能说明如下。

(1) 屏蔽类型:设置屏蔽方式,其选项如下。

① Wipeout:以 Wipeout(光栅图像)屏蔽选定的文本对象。

② 3dface:以 3dface 屏蔽选定的文本对象。

③ Solid:用指定背景颜色的 2D Solid 屏蔽文本。

(2) 偏移因子:该选项用于设置矩形遮罩相对于标注文本向外的偏移距离。偏离距离通过输入文本高度的倍数来决定。

小提示:

(1)文本与其后的屏蔽共同构成一个整体,将一起被移动、复制或删除。用 Explode 命令可将带屏蔽的文本分解成文本和一个矩形框。

(2)带屏蔽的文本仍可用 Ddedit 命令进行文本编辑,文本编辑更新后仍保持原有屏蔽的形状和大小。

3.3.9 解除屏蔽

【命令格式】

命令行:Textunmask。

菜单:执行"ET 扩展工具"→"文本工具"→"解除屏蔽"命令。

Textunmask 命令与 Textmask 命令相反,它将取消文本的屏蔽。

【操作步骤】

用 Textunmask 将图 3-32(a)中的文本屏蔽取消,效果如图 3-32(b)所示。操作步骤如下:

命令:Textunmask   执行:Textunmask 命令
选择要移除屏蔽的文本或多行文本对象   提示选取要解除的文本
选择对象:窗选对象   用窗选方法选择对象
指定对角点:找到 1 个   系统提示选择的对象数
选择对象:

结束命令后结果如图 3-32(b)所示。

(a) 带文本屏蔽   (b) 取消文本屏蔽

图 3-32 文本的屏蔽被取消

3.3.10 对齐文本

命令行：Tjust。

菜单：执行"ET 扩展工具"→"文本工具"→"对齐方式"命令。

用来快速更改文字的对齐。

3.3.11 旋转文本

【命令格式】

命令行：Torient。

菜单：执行"ET 扩展工具"→"文本工具"→"旋转文本"命令。

用来快速旋转文字。

【操作步骤】

将图 3-33(a)所示文字,转换成如图 3-33(b)所示。

(a) 旋转前   (b) 旋转后

图 3-33 旋转文本效果

其操作步骤如下：

```
命令:Torient                    执行 Torient 命令
选择对象:点选文字                 选择欲旋转的文本
选择集当中的对象:1               提示选中的对象数
新的绝对旋转角度<最可读>:0        输入绝对旋转角度
一个对象被修改..                  按 Enter 键后结果如图 3-33(b)所示
```

3.3.12 文本外框

【命令格式】

命令行：Tcircle。

菜单：执行"ET 扩展工具"→"文本工具"→"文本外框"命令。

以圆、矩形或圆槽来快速画出文本外框（圈字图形）。

【操作步骤】

将文字"重庆"用圆和双头圆弧作为文字外框。其操作步骤如下。

命令：Tcircle	执行 Tcircle 命令
选择对象：点选文字	选择欲加外框的文本
选择集当中的对象：1	提示选中的对象数
输入偏移距离伸缩因子<0.35>：0.2	输入偏移距离伸缩因子
选择包围文本的对象[圆(C)/圆槽(S)/矩形(R)]	选择包围文本的外框
<圆槽(S)>：c.	
用固定或可变尺寸创建 circles[固定(C)/可变(V)]	选择可变尺寸创建 circles 按 Enter 键
<可变(V)>：	后结果如图 8-34 左下图
命令：Tcircle	执行 Tcircle 命令
选择对象：点选文字	选择欲加外框的文本
选择集当中的对象：1	提示选中的对象数
输入偏移距离伸缩因子<0.35>：0.2	输入偏移距离伸缩因子
选择包围文本的对象[圆(C)/圆槽(S)/矩形(R)]	选择包围文本的外框
<圆槽(S)>：s	
用固定或可变尺寸创建 slots[固定(C)/可变(V)]	选择可变尺寸创建 slots 按 Enter 键
<可变(V)>：	后结果如图 3-34 右上图
同理，选矩形(R)项	

结果如图 3-34 所示。

3.3.13 自动编号

【命令格式】

命令行：Tcount。

菜单：执行"ET 扩展工具"→"文本工具"→"自动编号"命令。

选择几行文字后，再为字前或字后自动加注指定增量值的数字。

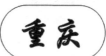

图 3-34 用圆、圆槽、矩形作文字外框

【操作步骤】

执行 Tcount 命令，系统提示选择对象，确定选择对象的方式并指定起始编号和增量，如图 3-35 所示。如果选择"前置"，输入(1,1)，结果如图 3-36(a)所示；如果选择"查找并替换"，输入(1,1)，并输入查找的字符串"第"，则结果如图 3-36(b)所示；如果选择"覆盖"，输入(1,2)，则结果如图 3-36(c)所示。

第一行字	1 第一行字	1一行字	1
第二行字	2 第二行字	2二行字	3
第三行字	3 第三行字	3三行字	5
第四行字	4 第四行字	4四行字	7
第五行字	5 第五行字	5五行字	9
	前置;	查找并替换;	覆盖;
	(a)	(b)	(c)

图 3-35　选择几行文字　　　　　图 3-36　自动编号的方式

3.3.14　文本形态

【命令格式】

命令行：Tcase。

菜单：执行"ET 扩展工具"→"文本工具"→"文本形态"命令。

改变字的大小写功能。

【操作步骤】

执行 Tcase 命令,系统提示选择对象,确定对象后将出现如图 3-37 所示"改变文本"对话框。在该对话框中选择需要的选项,单击"确定"按钮,退出对话框结束命令,结果如图 3-38 所示。

图 3-37　"改变文本"对话框

HOW　ARE　YOU!

⬇

How are you!　how are you!　HOW ARE YOU!　How Are You!　how are you!
句子大小写　　　小写　　　大写　　　标题　　　大小写切换

图 3-38　改变文本的结果

3.3.15　弧形文字

【命令格式】

命令行：Arctext。

菜单：执行"ET 扩展工具"→"文本工具"→"弧形文本"命令。

工具栏：单击"文本工具"→"弧形对齐文本"。

弧形文字主要是针对钟表、广告设计等行业而开发出的弧形文字功能。

【操作步骤】

先执行 Arc 命令绘制一段弧线,再执行 Arctext 命令,系统提示选择对象,确定对象后将出现如图 3-39 所示"弧形文字"对话框。

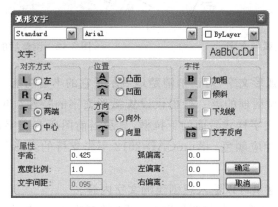

图 3-39 "弧形文字"对话框

根据之前图中的弧线,绘制两端对齐的弧形文字,设置如图 3-40 所示。

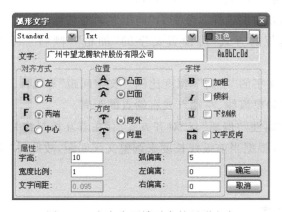

图 3-40 文字为两端对齐的弧形文字

所绘的弧形文字在后期编辑中有时还需要调整,可以通过属性框来调整简单的属性,也可以通过弧形文字或相关联的弧线夹点来调整位置。

(1)属性框里的调整。

AutoCAD 为弧形文字创建了单独的对象类型,并可以直接在属性框里修改属性。例如,直接修改文本内容,便会自动根据创建弧形文字时的设置调整到最佳位置。

(2)夹点调整。

选择弧形文字后,可以看到 3 个夹点,左右两个夹点,可以分别调整左右两端的边界,而中间的夹点则可以调整弧形文字的曲率半径。如调整了右端点往左,曲率半径变化。

此外,弧形文字与弧线之间存在关联性,可以直接拖动弧线两端夹点来调整,弧形文字将自动根据创建时的属性调整到最佳位置。图 3-41 为原来的弧形文字,调整后如图 3-42 所示。

图 3-41　原来的弧形文字　　　　　　　图 3-42　调整后的弧形文字

如图 3-39 所示"弧形文字"对话框清楚地展示了它的丰富功能。各选项介绍如下。

文字特性区：在对话框的第一行提供设置弧形文字的特性。包括文字样式、字体选择及文字颜色。单击文字样式后面的下拉框，显示当前图所有文字样式，可直接选择；也可以直接选择字体及相应颜色。AutoCAD 2012 率先支持的真彩色系统，在这里同样可以选择。

文字输入区：在这里可以输入想创建的文字内容。

对齐方式：提供了"左""右""两端""中心"4 种对齐方案，配合"位置""方向""偏离"设置可以轻松指定弧形文字位置。

位置：指定文字显示在弧的凸面或凹面。

方向：提供两种方向供选择。分别为"向里""向外"。

字样：提供复选框的方式，可设置文字的"加粗""倾斜""下画线"及"文字反向"效果。

属性：指定弧形文字的"字高""宽度比例""文字间距"等属性。

偏离：指定文字偏离弧线、左端点或右端点的距离。

这里需要注意，"属性""偏离"与"对齐方式"存在着互相制约关系。例如，当对齐为两端时，弧形文字可自动根据当前弧线长度来调整文字间距，故此时"文字间距"选项是不可设置的。同理类推。

3.3.16　注释性文字

AutoCAD 2012 可以将文字、尺寸、形位公差、块、属性、引线等指定为注释性对象。

1. 注释性文字样式

用于定义注释性文字样式的命令也是 STYLE，其定义过程与 3.3.1 节介绍的文字样式定义过程类似。执行 STYLE 命令后，在打开的"文字样式"对话框中，除按在 3.3.1 节介绍的过程设置样式后，还应选中"注释性"复选框。选中该复选框后，会在"样式"列表框中的对应样式名前显示图标，表示该样式属于注释性文字样式。

2. 标注注释性文字

用 DTEXT 或 MTEXT 命令标注文字时，只要将对应的注释性文字样式设为当前样式，或选择标注注释性文字，然后按前面介绍的方法标注即可。

3.4 创建表格

3.4.1 创建表格

单击"绘图"工具栏上的"表格"按钮,或执行"绘图"→"表格"命令,即执行 TABLE 命令,AutoCAD 弹出"插入表格"对话框,如图 3-43 所示。

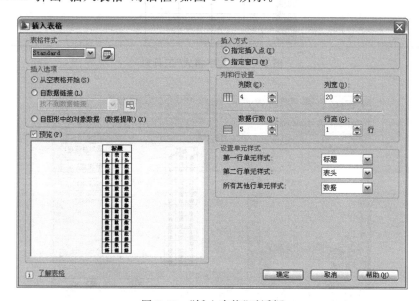

图 3-43 "插入表格"对话框

此对话框用于选择表格样式,设置表格的有关参数。其中,"表格样式"选项用于选择所使用的表格样式。"插入选项"选项组用于确定如何为表格填写数据。预览框用于预览表格的样式。"插入方式"选项组设置将表格插入到图形时的插入方式。"列和行设置"选项组则用于设置表格中的行数、列数以及行高和列宽。"设置单元样式"选项组分别设置第一行、第二行和其他行的单元样式。

通过"插入表格"对话框确定表格数据后,单击"确定"按钮,然后根据提示确定表格的位置,即可将表格插入到图形,且插入后 AutoCAD 弹出"文字格式"工具栏,并将表格中的第一个单元格醒目显示,此时就可以向表格输入文字,如图 3-44 所示。

3.4.2 定义表格样式

单击"样式"工具栏上的"表格样式"按钮,或执行"格式"→"表格样式"命令,即执行 TABLESTYLE 命令,AutoCAD 弹出"表格样式"对话框,如图 3-45 所示。

其中,"样式"列表框中列出了满足条件的表格样式;"预览"图片框中显示出表格的预览图像,"置为当前"和"删除"按钮分别用于将在"样式"列表框中选中的表格样式置为当前样式、删除选中的表格样式;"新建""修改"按钮分别用于新建表格样式、修改已有的表

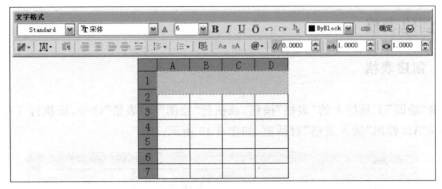

图 3-44 "文字格式"工具栏

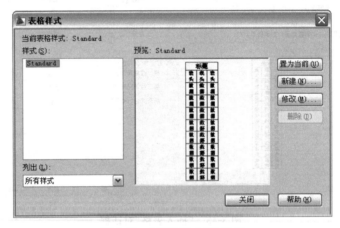

图 3-45 "表格样式"对话框

格样式。

如果单击"表格样式"对话框中的"新建"按钮,AutoCAD 会弹出"创建新的表格样式"对话框,如图 3-46 所示。

通过对话框中的"基础样式"下拉列表选择基础样式,并在"新样式名"文本框中输入新样式的名称后(如输入"表格 1"),单击"继续"按钮,AutoCAD 弹出"新建表格样式:表格 1"对话框,如图 3-47 所示。

图 3-46 "创建新的表格样式"对话框

对话框中,左侧有起始表格、表格方向下拉列表框和预览图像框三部分。其中,起始表格用于使用户指定一个已有表格作为新建表格样式的起始表格。表格方向列表框用于确定插入表格时的表方向,有"向下"和"向上"两个选择,"向下"表示创建由上而下读取的表,即标题行和列标题行位于表的顶部,"向上"则表示将创建由下而上读取的表,即标题行和列标题行位于表的底部;图像框用于显示新创建表格样式的表格预览图像。

"新建表格样式"对话框的右侧有"单元样式"选项组等,用户可以通过对应的下拉列表确定要设置的对象,即在"数据""标题"和"表头"之间进行选择。

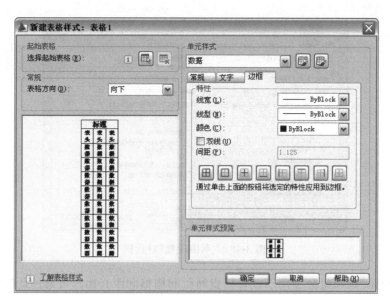

图 3-47 "新建表格样式：表格 1"对话框

选项组中，"常规""文字"和"边框"3 个选项卡分别用于设置表格中的基本内容、文字和边框。

完成表格样式的设置后，单击"确定"按钮，AutoCAD 返回到"表格样式"对话框，并将新定义的样式显示在"样式"列表框中。单击该对话框中的"确定"按钮关闭对话框，完成新表格样式的定义。

3.5 辅助绘图工具的使用

3.5.1 栅格捕捉、栅格显示

利用栅格捕捉，可以使光标在绘图窗口按指定的步距移动，就像在绘图屏幕上隐含分布着按指定行间距和列间距排列的栅格点，这些栅格点对光标有吸附作用，即能够捕捉光标，使光标只能落在由这些点确定的位置上，从而使光标只能按指定的步距移动。栅格显示是指在屏幕上显式分布一些按指定行间距和列间距排列的栅格点，就像在屏幕上铺了一张坐标纸。用户可根据需要设置是否启用栅格捕捉和栅格显示功能，还可以设置对应的间距。

利用"草图设置"对话框中的"捕捉和栅格"选项卡可进行栅格捕捉与栅格显示方面的设置。执行"工具"→"草图设置"命令，AutoCAD 弹出"草图设置"对话框，对话框中的"捕捉和栅格"选项卡用于栅格捕捉、栅格显示方面的设置（在状态栏上的"捕捉"或"栅格"按钮上右击，从快捷菜单中选择"设置"命令，也可以打开"草图设置"对话框，如图 3-48 所示）。

对话框中，"启用捕捉"、"启用栅格"复选框分别用于启用捕捉和栅格功能。"捕捉间

图 3-48 "草图设置"对话框

距"、"栅格间距"选项组分别用于设置捕捉间距和栅格间距。用户可通过此对话框进行其他设置。

3.5.2 正交功能

利用正交功能,用户可以方便地绘与当前坐标系统的 X 轴或 Y 轴平行的线段(对于二维绘图而言,就是水平线或垂直线)。

单击状态栏上的"正交"按钮可快速实现正交功能启用与否的切换。

3.5.3 对象捕捉

利用对象捕捉功能,在绘图过程中可以快速、准确地确定一些特殊点,如圆心、端点、中点、切点、交点、垂足等。可以通过"对象捕捉"工具栏和对象捕捉菜单(见图 3-49)。按下 Shift 键后右击可弹出此快捷菜单,启动对象捕捉功能。

3.5.4 对象自动捕捉

对象自动捕捉(简称自动捕捉)又称为隐含对象捕捉,利用此捕捉模式可以使 AutoCAD 自动捕捉到某些特殊点。

执行"工具"→"草图设置"命令,从弹出的"草图设置"对话框中选择"对象捕捉"选项卡,如图 3-50 所示(在状态栏上的"对象捕捉"按钮上右击,从快捷菜单选择"设置"命令,也可以打开此对话框)。

用户可以设置是否启用极轴追踪功能以及极轴追踪方向等性能参数,设置过程为:执行"工具"→"草图设置"命令,AutoCAD 弹出"草图设置"对话框,打开对话框中的"极轴追踪"选项卡,如后面的图所示(在状态栏上的"极轴"按钮上右击,从快捷菜单选择"设

- 捕捉端点
- 捕捉中点
- 捕捉交点
- 捕捉外观交点
- 捕捉延伸点
- 捕捉圆心
- 捕捉象限点
- 捕捉切点
- 捕捉垂足
- 捕捉到平行线
- 捕捉到插入点
- 捕捉到节点
- 捕捉到最近点
- 临时追踪点
- 相对于已有点得到特殊点

图 3-49 "对象捕捉"工具栏和对象捕捉菜单

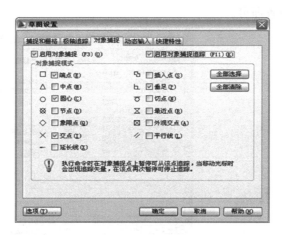

图 3-50 "草图设置"对话框中的"对象捕捉"选项卡

置"命令,也可以打开对应的对话框)。

在"对象捕捉"选项卡中,可以通过"对象捕捉模式"选项组中的各复选框确定自动捕捉模式,即确定使 AutoCAD 将自动捕捉到哪些点;"启用对象捕捉"复选框用于确定是否启用自动捕捉功能;"启用对象捕捉追踪"复选框则用于确定是否启用对象捕捉追踪功能,后面将介绍该功能。

利用"对象捕捉"选项卡设置默认捕捉模式并启用对象自动捕捉功能后,在绘图过程中每当 AutoCAD 提示用户确定点时,如果使光标位于对象上在自动捕捉模式中设置的对应点的附近,AutoCAD 会自动捕捉到这些点,并显示出捕捉到相应点的小标签,此时单击拾取键,AutoCAD 就会以该捕捉点为相应点。

3.5.5　极轴追踪

极轴追踪是指当 AutoCAD 提示用户指定点的位置时(如指定直线的另一端点),拖动光标,使光标接近预先设定的方向(即极轴追踪方向),AutoCAD 会自动将橡皮筋线吸附到该方向,同时沿该方向显示出极轴追踪矢量,并浮出一小标签,说明当前光标位置相对于前一点的极坐标,如图 3-51 所示。

可以看出,当前光标位置相对于前一点的极坐标为 33.3<135°,即两点之间的距离为 33.3,极轴追踪矢量与 X 轴正方向的夹角为 135°。此时单击拾取键,AutoCAD 会将该点作为绘图所需点;如果直接输入一个数值(如输入 50),AutoCAD 则沿极轴追踪矢量方向按此长度值确定出点的位置;如果沿极轴追踪矢量方向拖动鼠标,AutoCAD 会通过浮出的小标签动态显示与光标位置对应的极轴追踪矢量的值(即显示"距离<角度")。

用户可以设置是否启用极轴追踪功能以及极轴追踪方向等性能参数,设置过程为:执行"工具"→"草图设置"命令,AutoCAD 弹出"草图设置"对话框,打开对话框中的"极轴追踪"选项卡,如图 3-52 所示(在状态栏上的"极轴"按钮上右击,从快捷菜单选择"设置"命令,也可以打开对应的对话框)。

用户根据需要设置即可。

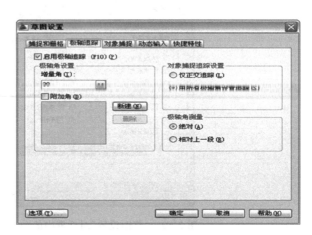

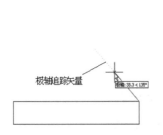

图 3-51　极轴追踪示意图　　　　　　　　图 3-52　"极轴追踪"选项卡

3.5.6　对象捕捉追踪

对象捕捉追踪是对象捕捉与极轴追踪的综合应用。例如,已知图 3-53(a)中有一个圆和一条直线,当执行 LINE 命令确定直线的起始点时,利用对象捕捉追踪可以找到一些特殊点,如图 3-53(b)所和图 3-53(c)所示。

图 3-53(b)中捕捉到的点的坐标分别与已有直线端点的 X 坐标和圆心的 Y 坐标相同。图 3-53(c)中捕捉到的点的 Y 坐标与圆心的 Y 坐标相同,且位于相对于已有直线端点的 45°方向。如果单击拾取键,就会得到对应的点。

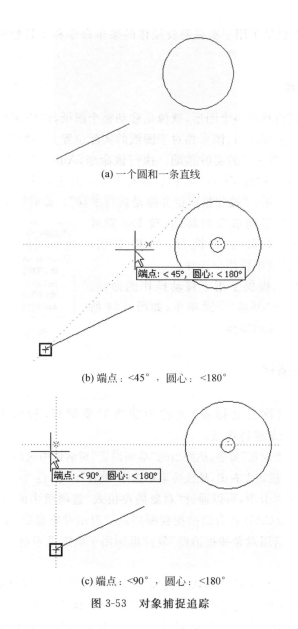

(a) 一个圆和一条直线

(b) 端点：<45°，圆心：<180°

(c) 端点：<90°，圆心：<180°

图 3-53　对象捕捉追踪

3.5.7　图形显示控制、精确绘图

1. 图形显示缩放

图形显示缩放只是将屏幕上的对象放大或缩小其视觉尺寸,就像用放大镜或缩小镜(如果有的话)观看图形一样,从而可以放大图形的局部细节,或缩小图形观看全貌。执行显示缩放后,对象的实际尺寸仍保持不变。

命令：ZOOM。

工具栏：🔍。

AutoCAD 2012 提供了用于实现缩放操作的菜单命令和工具栏按钮,利用它们可以快速执行缩放操作。

2. 图形显示移动

图形显示移动是指移动整个图形,就像是移动整个图纸,以便使图纸的特定部分显示在绘图窗口。执行显示移动后,图形相对于图纸的实际位置并不发生变化。

PAN 命令用于实现图形的实时移动。执行该命令,AutoCAD 在屏幕上出现一个小手光标,并提示:按 Esc 键或 Enter 键退出,或右击显示快捷菜单。

同时在状态栏上提示:"按住拾取键并拖动进行平移"。此时按下拾取键并向某一方向拖动鼠标,就会使图形向该方向移动;按 Esc 键或 Enter 键可结束 PAN 命令的执行;如果右击,AutoCAD 会弹出快捷菜单供用户选择。

另外,AutoCAD 还提供了用于移动操作的命令,这些命令位于"视图"→"平移"子菜单中,如图 3-54 所示,利用其可执行各种移动操作。

图 3-54　移动操作命令

3.5.8　对象自动捕捉

对象自动捕捉(简称自动捕捉)又称为隐含对象捕捉,利用此捕捉模式可以使 AutoCAD 自动捕捉到某些特殊点。

执行"工具"→"草图设置"命令,从弹出的"草图设置"对话框中选择"对象捕捉"选项卡(在状态栏上的"对象捕捉"按钮上右击,从快捷菜单选择"设置"命令,也可以打开此对话框)。

在"对象捕捉"选项卡中,可以通过"对象捕捉模式"选项组中的各复选框确定自动捕捉模式,即确定使 AutoCAD 将自动捕捉到哪些点;"启用对象捕捉"复选框用于确定是否启用自动捕捉功能;"启用对象捕捉追踪"复选框则用于确定是否启用对象捕捉追踪功能,后面将介绍该功能。

利用"对象捕捉"选项卡设置默认捕捉模式并启用对象自动捕捉功能后,在绘图过程中每当 AutoCAD 提示用户确定点时,如果使光标位于对象上在自动捕捉模式中设置的对应点的附近,AutoCAD 会自动捕捉到这些点,并显示出捕捉到相应点的小标签,此时单击拾取键,AutoCAD 就会以该捕捉点为相应点。

小　结

　　本单元介绍 AutoCAD 2012 的二维图形编辑功能,其中包括选择对象的方法;各种二维编辑操作,如删除、移动、复制、旋转、缩放、偏移、镜像、阵列、拉伸、修剪、延伸、打断、创建倒角和圆角等;还介绍了如何利用夹点功能编辑图形。后面单元还将介绍用

AutoCAD 2012 绘图时如何设置各种绘图线型,以及实现准确绘图的一些常用方法、填充图案功能、对象捕捉、极轴追踪等内容。使用计算机辅助设计,要根据 AutoCAD 本身的功能和特点,选择合适的绘制思路和方法,能够做到举一反三,拓展思维,才是学习的最主要目的。

思考与习题

1. 填空题

(1) 在 AutoCAD 2012 中,标注文本有两种方式:一种方式是_____,即启动命令后每次只能输入一行文本,不会自动换行输入;另一种方式是_____,一次可以输入多行文本。

(2) 标注文本之前,需要先给文本字体定义一种样式,字体的样式包括所用的_____的_____、字体大小、_____等参数。

(3) 绘制直线的命令是_____,绘制构造线的命令是_____,绘制多段线的命令是_____。

(4) 绘制圆弧的命令是_____,绘制圆的命令是_____。

(5) 若要使用构造线命令绘制一个角的角平分线,可在命令行提示信息中选择_____选项。

(6) 在 AutoCAD 中,文字标注分为单行文字标注和_____。

(7) 使用_____命令标注的文本,不能用文字编辑命令修改其字体、高度、宽度等特性。

(8) 若要在文字中插入 Φ,则在标注文字时,应该输入该符号的代码为_____。

2. 选择题

(1) 在 AutoCAD 中,构成图形的最小图形单元是(　　)。
　　A. 点　　　　　　　B. 直线　　　　　　　C. 圆弧　　　　　　　D. 椭圆弧

(2) 已知一个圆,如果要快速绘制这个圆的同心圆,采用(　　)命令最佳。
　　A. Ellipse　　　　B. Circle　　　　　　C. Offset　　　　　　D. Mirror

(3) 在命令行输入(　　)命令可以打开"多线样式"对话框。
　　A. Mline　　　　　B. Mlstyle　　　　　C. Properties　　　　D. Matchprop

(4) Text(单行文字)或 Dtext(单行文字)命令的简写形式是(　　)。
　　A. T　　　　　　　B. D　　　　　　　　C. Te　　　　　　　　D. t

(5) 在输入单行文字的时候,如果要输入直径符号,那么需要输入的替代符是(　　)。
　　A. ％％C　　　　　B. ％％D　　　　　　C. ％％O　　　　　　D. ％％U

（6）在绘制表格的时候，如果设置数据行为 5 行，那么绘制的表格的实际行数是（   ）。

    A．3   B．5   C．7   D．6

（7）以下（   ）命令不可绘制圆形的线条。

    A．ELLIPSE   B．POLYGON   C．ARC   D．CIRCLE

（8）下面（   ）命令不能绘制三角形。

    A．LINE   B．RECTANG   C．POLYGON   D．PLINE

（9）下面（   ）命令可以绘制连续的直线段，且每一部分都是单独的线对象。

    A．POLYGON   B．RECTANGLE C．POLYLINE   D．LINE

（10）下面（   ）对象不可以使用 PLINE 命令来绘制。

    A．直线   B．圆弧   C．具有宽度的直线 D．椭圆弧

（11）下面（   ）命令以等分长度的方式在直线、圆弧等对象上放置点或图块。

    A．POINT   B．DIVIDE   C．MEASURE   D．SOLIT

（12）可以使用下面（   ）两个命令来设置多线样式和编辑多线。

    A．MLSTYLE，MLINE   B．MLSTYLE，MLEDIT

    C．MLEDIT，MLSTYLE   D．MLEDIT，MLINE

（13）图案填充操作中（   ）。

    A．图案填充可以和原来轮廓线关联或者不关联

    B．图案填充只能一次生成，不可以编辑修改

    C．只能单击填充区域中任意一点来确定填充区域

    D．所有的填充样式都可以调整比例和角度

（14）多行文本标注命令是（   ）。

    A．WTEXT   B．QTEXT   C．EXT   D．MTEXT

（15）在进行文字标注时，若要插入"度数"称号，则应输入（   ）。

    A．d％％   B．％d   C．d％   D．％％d

3．简答题

（1）画圆和画圆弧有几种方式？

（2）简述为图形创建填充图案的操作步骤。

（3）如何修改文字内容和文字属性？

4．绘图题

（1）输入单行文字，文字高度为 25，旋转角度为 30°，如图 3-55 所示。

（2）结合栅格和捕捉设置，完成如图 3-56 所示图形。

（3）利用极轴捕捉功能，完成如图 3-57 所示图形。

图 3-55　输入文字

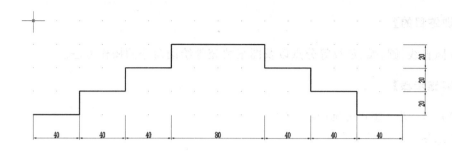

图 3-56　第 (2) 题题图

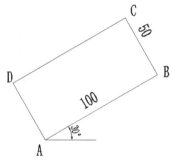

图 3-57　第 (3) 题题图

（4）绘制正 5 边形。

技 能 训 练

》》》》训练一：绘制图 3-58 和图 3-59。

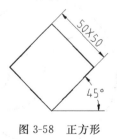

图 3-58　正方形

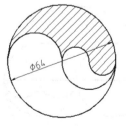

图 3-59　效果图

【训练目的】

掌握直线、圆、弧、定数等分点以及图案填充等绘图命令的操作方法。

【实施步骤】

(1) 第一步:画正方形(见图 3-60)。

第二步:旋转 45°(见图 3-61)。

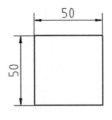

图 3-60 正方形

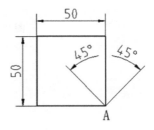

图 3-61 旋转 45°

(2) 第一步:画直线(见图 3-62)。

第二步:画 3 个圆(见图 3-63)。

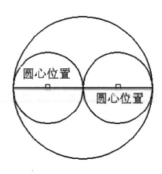

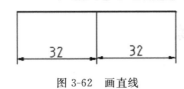

图 3-62 画直线

图 3-63 画 3 个圆

第三步:画圆 A 和圆 B(见图 3-64)。

第四步:修剪整理图形(见图 3-65)。

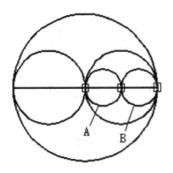

图 3-64 画圆 A 和圆 B

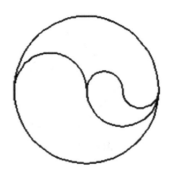

图 3-65 修剪整理图形

第五步：画剖面线（见图 3-66）。

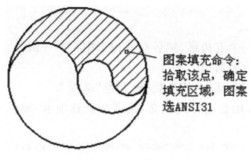

图案填充命令：
拾取该点，确定
填充区域，图案
选ANSI31

图 3-66　画剖面线

》》》》》训练二：完成图 3-67 和图 3-68 的渐变色填充

（1）单色填充。

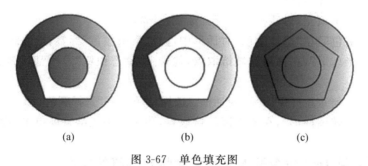

(a)　　　　　　(b)　　　　　　(c)

图 3-67　单色填充图

（2）双色填充。

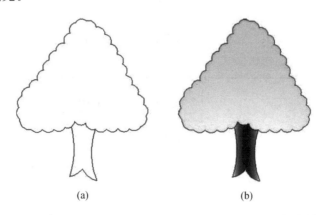

(a)　　　　　　　　(b)

图 3-68　双色填充图

【训练目的】

掌握渐变色单色填充和双色填充。

【实施步骤】

1．单色填充步骤

（1）在一个圆中画一个五边形，然后在五边形中再画一圆。

（2）复制两个线框放到右边。

（3）打开"图案填充"对话框，切换到"渐变色"选项卡。

（4）对图 3-67(a)采用普通方式填充，选渐变色选项卡，颜色为单色，方向居中，角度为 0°，直线型填充类型。

（5）在边界选项卡中，单击"添加"按钮，选择对象用鼠标拉出一个矩形，把图 3-67(a)全部选中。

（6）选择"预览"，单击"确定"按钮，得到图 3-67(b)的填充效果。

（7）按类似方法做图 3-67(b)和图 3-67(c)，图 3-67(b)选为"外部"方式，图 3-67(c)选"忽略"方式，其余步骤相同。

2．双色填充步骤

（1）绘制一棵树的轮廓。

（2）打开"图案填充"对话框，切换到"渐变色"选项卡。

（3）选择"双色"，在"选择颜色"对话框中选择"索引颜色"标签，拾取绿和黄。

（4）选择"半球形"，在树冠区域拾取点，勾选上"动态预览"。预览后满意结果就单击"确认"按钮。

（5）按 Enter 键重新打开"填充"对话框。选择"单色"，在"选择颜色"对话框中选择棕色。

（6）选择"反转圆柱形"，在树干区域拾取点，预览后满意结果就单击"确认"按钮。

》》》》》训练三：用 Text 命令输入几行包含特殊字符的文本

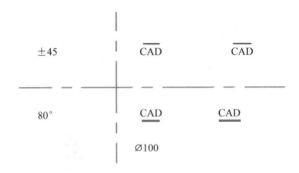

【训练目的】

掌握文字的绘制方法。

【实施步骤】

命令：Text	执行 Text 命令

文字：对正(J)/样式(S)/<起点>：S	选择更改文字样式
?列出有效的样式/<文字样式><仿宋>：	选用仿宋字型
文字：对正(J)/样式(S)/<起点>：	在屏幕上拾取一点来确定文字起点
字高 <11.3152>：10	设置文字大小
文字旋转角度 <0>：	按 Enter 键接受默认不旋转
文字：%%p45	输入文本
命令：Text	执行 Text 命令
文字：对正(J)/样式(S)/<起点>：	确定文字起点
字高 <10>：	按 Enter 键接受默认字高
文字旋转角度 <0>：	按 Enter 键接受默认不旋转
文字：80%%d	输入文本

同样方法，在提示"文字："后，分别输入：

%%oCAD%%o

%%oCAD%%o

%%uCAD%%u

%%uCAD%%u

%%c100

小提示：

（1）如果输入的"%%"后如无控制字符(如 c、p、d)或数字，系统将视其为无定义，并删除"%%"及后面的所有字符；如果用户只输入一个"%"，则此"%"将作为一个字符标注于图形中。

（2）上下画线是开关控制，输入一个%%O(%%u)开始上(下)画线，再次输入此代码则结束，如果一行文本中只有一个画线代码，则自动将行尾作为画线结束处。

单元四 AutoCAD 软件的应用

【学习目标】

(1) 掌握图层和线性设置的使用方法。

(2) 掌握图块的定义和使用方法。

(3) 能够正确进行尺寸标注并能够对尺寸进行编辑修改。

(4) 掌握对所绘图形进行编辑和修改的编辑命令。

(5) 掌握视图的缩放和平移、鸟瞰视图、图形的重画和重生成、多视口以及绘图顺序等图形显示命令。

(6) 熟练使用 AutoCAD 2012 软件的打印参数设置以及打印方法。

【知识导读】

本章主要介绍图层和线性设置、图块、基本图形编辑命令以及尺寸标注等内容。

4.1 图层

4.1.1 图层特性

1. 线型

绘工程图时经常需要采用不同的线型来绘图,如虚线、中心线等。

2. 线宽

工程图中不同的线型有不同的线宽要求。用 AutoCAD 绘工程图时,有两种确定线宽的方式:一种方法与手工绘图一样,即直接将构成图形对象的线条用不同的宽度表示;另一种方法是将有不同线宽要求的图形对象用不同颜色表示,但其绘图线宽仍采用 AutoCAD 的默认宽度,不设置具体的宽度,当通过打印机或绘图仪输出图形时,利用打印样式将不同颜色的对象设成不同的线宽,即在 AutoCAD 环境中显示的图形没有线宽,而通过绘图仪或打印机将图形输出到图纸后会反映出线宽。本书采用后一种方法。

3. 颜色

用 AutoCAD 绘工程图时,可以将不同线型的图形对象用不同的颜色表示。

AutoCAD 2012 提供了丰富的颜色方案供用户使用,其中最常用的颜色方案是采用索引颜色,即用自然数表示颜色,共有 255 种颜色,其中 1~7 号为标准颜色,1 表示红色,2 表示黄色,3 表示绿色,4 表示青色,5 表示蓝色,6 表示洋红,7 表示白色(如果绘图背景的颜色是白色,7 号颜色显示成黑色)。

4. 图层

图层具有以下特点。

（1）用户可以在一幅图中指定任意数量的图层。系统对图层数没有限制，对每一图层上的对象数也没有任何限制。

（2）每一图层有一个名称，以加以区别。当开始绘一幅新图时，AutoCAD 自动创建名为 0 的图层，这是 AutoCAD 的默认图层，其余图层需用户来定义。

（3）一般情况下，位于一个图层上的对象应该是一种绘图线型，一种绘图颜色。用户可以改变各图层的线型、颜色等特性。

（4）虽然 AutoCAD 允许用户建立多个图层，但只能在当前图层上绘图。

（5）各图层具有相同的坐标系和相同的显示缩放倍数。用户可以对位于不同图层上的对象同时进行编辑操作。

（6）用户可以对各图层进行打开、关闭、冻结、解冻、锁定与解锁等操作，以决定各图层的可见性与可操作性。

4.1.2 图层设置

1. 线型设置

设置新绘图形的线型。

命令：LINETYPE。

执行"格式"→"线型"命令，即执行 LINETYPE 命令，AutoCAD 弹出如图 4-1 所示的"线型管理器"对话框。可通过其确定绘图线型和线型比例等。

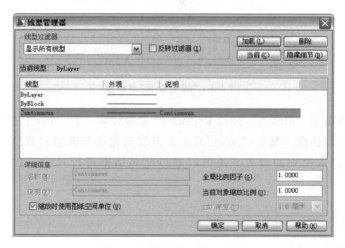

图 4-1 "线型管理器"对话框

如果线型列表框中没有列出需要的线型，则应从线型库加载它。单击"加载"按钮，AutoCAD 弹出如图 4-2 所示的"加载或重载线型"对话框，从中可选择要加载的线型并加载。

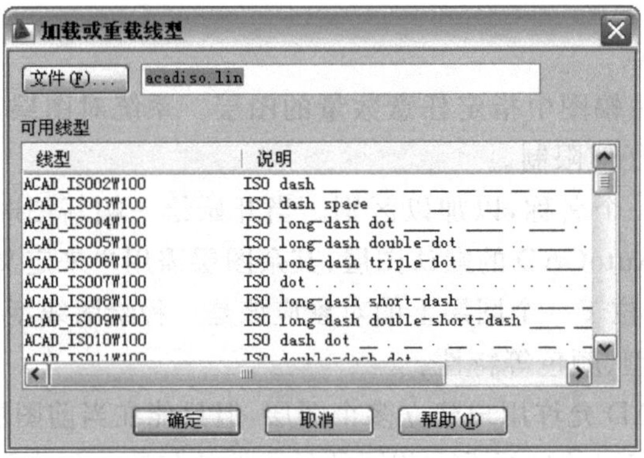

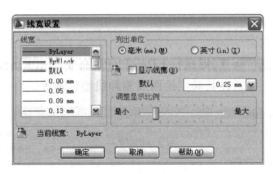

图 4-2 "加载或重载线型"对话框

2. 线宽设置

设置新绘图形的线宽。

命令：LWEIGHT。

执行"格式"→"线宽"命令，即执行 LWEIGHT 命令，AutoCAD 弹出"线宽设置"对话框，如图 4-3 所示。

图 4-3 "线宽设置"对话框

列表框中列出了 AutoCAD 2012 提供的 20 余种线宽，用户可从中在"随层""随块"或某一具体线宽之间选择。其中，"随层"表示绘图线宽始终与图形对象所在图层设置的线宽一致，这也是最常用到的设置。还可以通过此对话框进行其他设置，如单位、显示比例等。

3. 颜色设置

设置新绘图形的颜色。

命令：COLOR。

执行"格式"→"颜色"命令，即执行 COLOR 命令，AutoCAD 弹出"选择颜色"对话框，如图 4-4 所示。

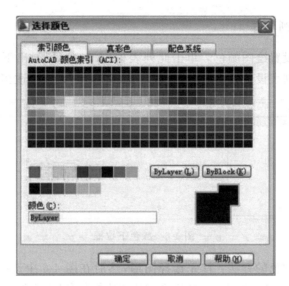

图 4-4　"选择颜色"对话框

　　对话框中有"索引颜色""真彩色"和"配色系统"3 个选项卡,分别用于以不同的方式确定绘图颜色。在"索引颜色"选项卡中,用户可以将绘图颜色设为 ByLayer(随层)、ByBlock(随块)或某一具体颜色。其中,随层指所绘对象的颜色总是与对象所在图层设置的绘图颜色相一致,这是最常用到的设置。

4.1.3　图层管理

　　管理图层和图层特性。
　　命令: LAYER。
　　单击"图层"工具栏上的(图层特性管理器)按钮,或执行"格式"→"图层"命令,即执行 LAYER 命令,AutoCAD 弹出图层特性管理器。
　　用户可通过"图层特性管理器"对话框建立新图层,为图层设置线型、颜色、线宽以及其他操作等。

4.1.4　特性工具栏

　　利用特性工具栏(见图 4-5),快速、方便地设置绘图颜色、线型以及线宽。

图 4-5　特性工具栏

特性工具栏的主要功能如下。

1. "颜色控制"列表框

该列表框用于设置绘图颜色。单击此列表框,AutoCAD 弹出下拉列表,如图 4-6 所示。用户可通过该列表设置绘图颜色(一般应选择"随层"),或修改当前图形的颜色。

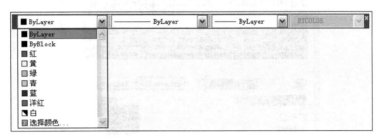

图 4-6　颜色下拉框

修改图形对象颜色的方法:首先选择图形,然后在图 4-6 中选择对应的颜色。如果单击列表中的"选择颜色"项,AutoCAD 会弹出 "选择颜色"对话框,供用户选择。

2. "线型控制"下拉列表框

该列表框用于设置绘图线型。单击此列表框,AutoCAD 弹出下拉列表,如图 4-7 所示。

图 4-7　绘制线型下拉框

用户可通过该列表设置绘图线型(一般应选择"随层"),或修改当前图形的线型。

修改图形对象线型的方法:选择对应的图形,然后在图 4-7 中选择对应的线型。如果单击列表中的"其他"选项,AutoCAD 会弹出"线型管理器"对话框,供用户选择。

3. "线宽控制"列表框

该列表框用于设置绘图线宽。单击此列表框,AutoCAD 弹出下拉列表,如图 4-8 所示。

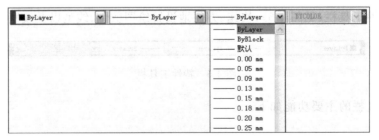

图 4-8　绘制线宽下拉框

用户可通过该列表设置绘图线宽(一般应选择"随层"),或修改当前图形的线宽。

修改图形对象线宽的方法:选择对应的图形,然后在线宽控制列表中选择对应的线宽。

4.2　图块、属性块及外部参照

4.2.1　图块的制作与使用

1. 块的基本概念

块是图形对象的集合,通常用于绘制复杂、重复的图形。一旦将一组对象组合成块,就可以根据绘图需要将其插入到图中的任意指定位置,而且还可以按不同的比例和旋转角度插入。

块具有以下特点。

(1) 提高绘图速度。

(2) 节省存储空间。

(3) 便于修改图形。

(4) 加入属性。

2. 定义块

单击"绘图"工具栏上的"创建块"按钮,或执行"绘图"→"块"→"创建"命令,即执行BLOCK 命令,AutoCAD 弹出如图 4-9 所示的"块定义"对话框。

图 4-9　"块定义"对话框

对话框中,"名称"文本框用于确定块的名称。"基点"选项组用于确定块的插入基点位置。"对象"选项组用于确定组成块的对象。"设置"选项组用于进行相应设置。通过"块定义"对话框完成对应的设置后,单击"确定"按钮,即可完成块的创建。

3. 定义外部块

将块以单独的文件保存。

命令：WBLOCK。

执行 WBLOCK 该命令，AutoCAD 弹出如图 4-10 所示的"写块"对话框。

图 4-10 "写块"对话框

对话框中，"源"选项组用于确定组成块的对象来源。"基点"选项组用于确定块的插入基点位置；"对象"选项组用于确定组成块的对象。只有在"源"选项组中选中"对象"单选按钮后，这两个选项组才有效。"目标"选项组确定块的保存名称、保存位置。

用 WBLOCK 命令创建块后，该块以.DWG 格式保存，即以 AutoCAD 图形文件格式保存。

4. 插入块

为当前图形插入块或图形。

命令：INSERT。

单击"绘图"工具栏上的（插入块）按钮，或执行"插入"→"块"命令，即执行 INSERT 命令，AutoCAD 弹出如图 4-11 所示的"插入"话框。

对话框中，"名称"下拉列表框确定要插入块或图形的名称。"插入点"选项组确定块在图形中的插入位置。"比例"选项组确定块的插入比例。"旋转"选项组确定块插入时的旋转角度。"块单位"文本框显示有关块单位的信息。

通过"插入"对话框设置了要插入的块以及插入参数后，单击"确定"按钮，即可将块插入到当前图形（如果选择了在屏幕上指定插入点、插入比例或旋转角度，插入块时还应根据提示指定插入点、插入比例等）。

设置插入基点：前面曾介绍过，用 WBLOCK 命令创建的外部块以 AutoCAD 图形文

图 4-11 "插入"话框

件格式(即.DWG 格式)保存。实际上,用户可以用 INSERT 命令将任一 AutoCAD 图形文件插入到当前图形。但是,当将某一图形文件以块的形式插入时,AutoCAD 默认将图形的坐标原点作为块上的插入基点,这样往往会给绘图带来不便。为此,AutoCAD 允许用户为图形重新指定插入基点。用于设置图形插入基点的命令是 BASE,利用"绘图"→"块"→"基点"命令可启动该命令。执行 BASE 命令,AutoCAD 提示:

输入基点:

在此提示下指定一点,即可为图形指定新基点。

5. 编辑块

在块编辑器中打开块定义,以对其进行修改。

命令:BEDIT。

单击"标准"工具栏上的"块编辑器"按钮,或执行"工具"→"块编辑器"命令,即执行 BEDIT 命令,AutoCAD 弹出如图 4-12 所示的"编辑块定义"对话框。

图 4-12 "编辑块定义"对话框

从对话框左侧的列表中选择要编辑的块,然后单击"确定"按钮,AutoCAD 进入块编辑模式,如图 4-13 所示(请注意,此时的绘图背景为黄颜色)。

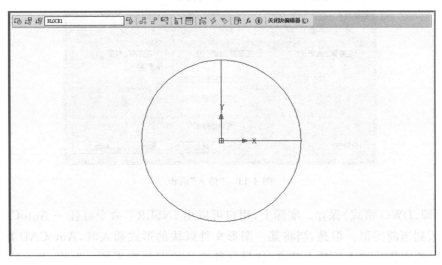

图 4-13　块编辑模式

此时显示出要编辑的块,用户可直接对其进行编辑。编辑块后,单击对应工具栏上的"关闭块编辑器"按钮,弹出"确认关闭"对话框,对话框中包含两个选项,如选择"将更改保存到 Block1",则会关闭块编辑器,并确认对块定义的修改。一旦利用块编辑器修改了块,当前图形中插入的对应块均自动进行对应的修改。

4.2.2　属性块的定义与使用

一个零件、符号除自身的几何形状外,还包含很多参数和文字说明信息(如规格、型号、技术说明等),将这些附加信息称为属性,如规格属性、型号属性。而具体的信息内容则称为属性值。可以使用属性来追踪零件号码与价格。属性可为固定值或变量值。插入包含属性的图块时,程序会新增固定值与图块到图面中,并提示要提供变量值。插入包含属性的图块时,可提取属性信息到独立文件,并使用该信息于空白表格程序或数据库,以产生零件清单或材料价目表。还可使用属性信息来追踪特定图块插入图面的次数。属性可为可见或隐藏,隐藏属性既不显示,亦不出图,但该信息储存于图面中,并在被提取时写入文件。属性是图块的附属物,它必须依赖于图块而存在,没有图块就没有属性。

1. 属性块的定义

执行"绘图"→"块"→"定义属性"命令,即执行 ATTDEF 命令,AutoCAD 弹出图 4-14 所示的"属性定义"对话框。

对话框中,"模式"选项组用于设置属性的模式。

"属性"选项组中,"标记"文本框用于确定属性的标记(用户必须指定标记);"提示"文本框用于确定插入块时 AutoCAD 提示用户输入属性值的提示信息;"默认"文本框用于

图 4-14 "属性定义"对话框

设置属性的默认值,用户在各对应文本框中输入具体内容即可。"插入点"选项组确定属性值的插入点,即属性文字排列的参考点。"文字设置"选项组确定属性文字的格式。

确定了"属性定义"对话框中的各项内容后,单击对话框中的"确定"按钮,AutoCAD完成一次属性定义,并在图形中按指定的文字样式、对齐方式显示出属性标记。用户可以用上述方法为块定义多个属性。

2. 修改属性定义

命令:DDEDIT。

执行 DDEDIT 命令,AutoCAD 提示:

> 选择注释对象或 [放弃(U)]:

在该提示下选择属性定义标记后,AutoCAD 弹出图 4-15 所示的"编辑属性定义"对话框,可通过此对话框修改属性定义的属性标记、提示和默认值等。

3. 属性显示控制

命令:ATTDISP。

图 4-15 "编辑属性定义"对话框

执行"视图"→"显示"→"属性显示"对应的子菜单可实现此操作。执行 ATTDISP 命令,AutoCAD 提示:

> 输入属性的可见性设置 [普通(N)/开(ON)/关(OFF)]<普通>:

其中,"普通(N)"选项表示将按定义属性时规定的可见性模式显示各属性值;"开(ON)"选项将会显示出所有属性值,与定义属性时规定的属性可见性无关;"关(OFF)"选项则不显示所有属性值,与定义属性时规定的属性可见性无关。

4. 利用对话框编辑属性

命令：EATTEDIT。

执行 EATTEDIT 命令,AutoCAD 提示：

选择块：

在此提示下选择块后,AutoCAD 弹出"增强属性编辑器"对话框,如图 4-16 所示(在绘图窗口双击有属性的块,也会弹出此对话框)。

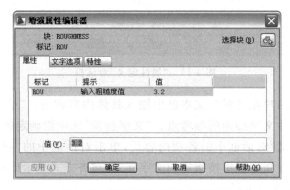

图 4-16 "增强属性编辑器"对话框

对话框中有"属性""文字选项"和"特性"3 个选项卡和其他一些项。"属性"选项卡可显示每个属性的标记、提示和值,并允许用户修改值。"文字选项"选项卡用于修改属性文字的格式。"特性"选项卡用于修改属性文字的图层以及它的线宽、线型、颜色及打印样式等。

4.2.3 外部参照

在 AutoCAD 2012 中能够把整个其他图形作为外部参照插入到当前图形中。外部图形插入到当前图形中时,当前图形对外部参照的文件只有一个链接点。因为外部参照中的实体显示在当前图形中,但实体本身并没有加入当前图形中。因而,链接外部参照并不意味着增加文件量大小。外部参照提供了把整个文件作为图块插入时无法提供的性能。当把整个文件作为图块插入,实体虽然保存在图形中,但原始图形的任何改变都不会在当前图形中反映。不同的是,当链接一个外部参照时,原始图形的任何改变都会在当前图形中反映。当每次打开包含外部参照的文件时,改变会自动更新。如果知道外部参照已修改,可以在画图的任何时候重新加载外部参照。从分图汇成总图时,外部参照是非常有用的。有外部参照定位在组中用户与其他人的位置。外部参照帮助减少文件量,并确保我们总是工作在图形中最新状态。

1. 命令功能

下拉菜单：执行"插入"→"外部参照管理器"命令。

命令行：Xref。

2. 选项说明

执行 Xref 命令后，系统弹出如图 4-17 所示对话框。在"外部参照"中可以查看到当前图形中所有外部参照的状态和关系，并且可以在管理器中完成附着、拆离、重载、卸载、绑定、修改路径等操作。

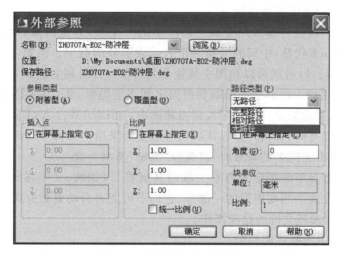

图 4-17 "外部参照"对话框

（1）查看当前图形的外部参照状况操作。

① 以列表形式查看。

单击左上角的"列表图"按钮，当前图形中的所有外部参照以列表形式显示在列表框中，每一个外部参照的名称、加载状态、大小、参照类型、参照日期和保存路径列在同一行状态条上。

② 以树状结构形式查看。

单击左上角内侧的"树状图"按钮，当前图形中的外部参照将以树状结构列表显示，从而可以看到外部参照之间的嵌套层次。

（2）改变参照名操作。

默认时列表名用参照图形的文件名。选择该名称后就可以重命名。该操作不会改变参照图形本来的文件名。

（3）附着新的外部参照操作。

单击"附着"按钮，将激活"外部参照"对话框，可以增加新的外部参照。

（4）删除外部参照操作。

在列表框中选择不再需要的外部参照，然后单击"拆离"按钮。

（5）更新外部参照操作。

在列表框中选择要更新的外部参照，然后单击"重载"按钮，AutoCAD 2012 会将该参照文件的最新版本读入。

（6）暂时关闭外部参照操作。

在列表框中选择某外部参照，然后单击"卸载"按钮，就可暂时不在屏幕上显示该外部参照并使它不参与重生成，以便改善系统运行性能。但是该外部参照仍存在于主图形文件中，需要显示时可以重新选择它，然后单击"重载"按钮。

（7）永久转换外部参照到当前图形中操作。

这种操作称为"绑定"。选择该外部参照，然后单击"绑定"按钮，激活"绑定"外部参照对话框，有下列两种绑定类型供选择。

① "绑定"：将所选外部参照变成当前图形的一个块，并重新命名它的从属符号，原来的"|"符号被＄n＄代替，中间的 n 是一个表示索引号的数字。例如，Draw|layer1 变成 Draw＄n＄Layer1。以后就可以和图中其他命名对象一样处理它们。

② "插入"：用插入的方法把外部参照固定到当前图形，并且它的从属符号剥去外部参照图形名，变成普通的命名符号加入到当前图中，如 DRAW|LAYER1 变成 LAYER1。如果当前图形内部有同名的符号，该从属符号就变为采用内部符号的特性（如颜色……）。因此，如不能确定有无同名的符号时，以选择"绑定"类型为宜。

被绑定的外部参照的图形及与它关联的从属符号（如块、文字样式、尺寸标注样式、层、线型表等）都变成了当前图形的一部分，它们不可能再自动更新为新版本。

（8）改变外部参照文件的路径操作。

① 在列表框中选择外部参照。

② 在"发现外部参照于"的编辑框中输入包含路径的新文件名。

③ 单击"保存路径"按钮保存路径，以后 AutoCAD 2012 就会按此搜索该文件。

④ 单击"确定"按钮结束操作。

另外，也可以单击"浏览"按钮，打开"选取覆盖文件"对话框，从中选择其他路径或文件。

小提示：

（1）在一个设计项目中，多个设计人员通过外部参照进行并行设计，即将其他设计人员设计的图形放置在本地的图形上，合并多个设计人员的工作，从而整个设计组所做的设计保持同步。

（2）确保显示参照图形最新版本。当打开图形时，系统自动重新装载每个外部参照。

4.3 尺寸标注、参数化绘图

4.3.1 尺寸标注组成

AutoCAD 中，一个完整的尺寸一般由尺寸线、延伸线（即尺寸界线）、尺寸文字（即尺寸数字)和尺寸箭头 4 部分组成,如图 4-18 所示。请注意:这里的"箭头"是一个广义的概念,也可以用短画线、点或其他标记代替尺寸箭头。

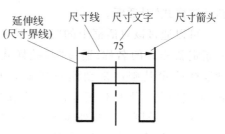

图 4-18　完整的尺寸示意图

AutoCAD 2012 将尺寸标注分为线性标注、对齐标注、半径标注、直径标注、弧长标注、折弯标注、角度标注、引线标注、基线标注、连续标注等多种类型,而线性标注又分为水平标注、垂直标注和旋转标注。

4.3.2　尺寸标注样式

尺寸标注样式(简称标注样式)用于设置尺寸标注的具体格式,如尺寸文字采用的样式;尺寸线、尺寸界线以及尺寸箭头的标注设置等,以满足不同行业或不同国家的尺寸标注要求。

定义、管理标注样式的命令是 DIMSTYLE。执行 DIMSTYLE 命令,AutoCAD 弹出如图 4-19 所示的"标注样式管理器"对话框。

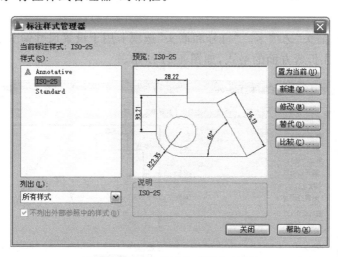

图 4-19　"标注样式管理器"对话框

其中,"当前标注样式"标签显示出当前标注样式的名称。"样式"列表框用于列出已有标注样式的名称。"列出"下拉列表框确定要在"样式"列表框中列出哪些标注样式。"预览"图片框用于预览在"样式"列表框中所选中标注样式的标注效果。"说明"标签框用于显示在"样式"列表框中所选定标注样式的说明。"置为当前"按钮把指定的标注样式置为当前样式。"新建"按钮用于创建新标注样式。"修改"按钮则用于修改已有标注样式。"替代"按钮用于设置当前样式的替代样式。"比较"按钮用于对两个标注样式进行比较,或了解某一样式的全部特性。

下面介绍如何新建标注样式。

在"标注样式管理器"对话框中单击"新建"按钮,AutoCAD弹出如图4-20所示"创建新标注样式"对话框。

可以通过该对话框中的"新样式名"文本框指定新样式的名称;通过"基础样式"下拉列表框确定基础用来创建新样式的基础样式;通过"用于"下拉列表框,可确定新建标注样式的适用范围。下拉列表中有"所有标注""线性标注""角度标注""半径标注""直径标注""坐标标注"和"引线和公差"等选择项,分别用于使新样式适于对应的标注。确定新样式的名称和有关设置后,单击"继续"按钮,AutoCAD弹出"新建标注样式"对话框。对话框中有"线""符号和箭头""文字""调整""主单位""换算单位"和"公差"7个选项卡,下面分别给予介绍。

图4-20 "创建新标注样式"对话框

(1)"线"选项卡。设置尺寸线和尺寸界线的格式与属性。前面给出的图为与"直线"选项卡对应的对话框。选项卡中,"尺寸线"选项组用于设置尺寸线的样式。"延伸线"选项组用于设置尺寸界线的样式。预览窗口可根据当前的样式设置显示出对应的标注效果示例。

(2)"符号和箭头"选项卡。"符号和箭头"选项卡用于设置尺寸箭头、圆心标记、弧长符号以及半径标注折弯方面的格式,如图4-21所示。

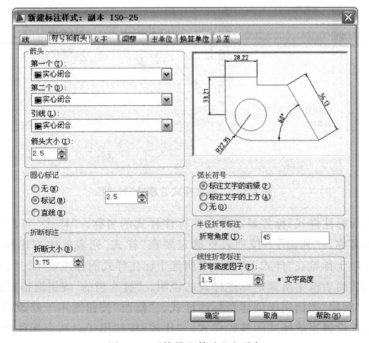

图4-21 "符号和箭头"选项卡

"符号和箭头"选项卡中,"箭头"选项组用于确定尺寸线两端的箭头样式。"圆心标记"选项组用于确定当对圆或圆弧执行标注圆心标记操作时,圆心标记的类型与大小。
"折断标注"选项确定在尺寸线或延伸线与其他线重叠处打断尺寸线或延伸线时的尺寸。
"弧长符号"选项组用于为圆弧标注长度尺寸时的设置。"半径标注折弯"选项设置通常用
于标注尺寸的圆弧的中心点位于较远位置时。"线性折弯标注"选项用于线性折弯标注
设置。

　　(3)"文字"选项卡。此选项卡用于设置尺寸文字的外观、位置以及对齐方式等,图 4-22
为对应的对话框。

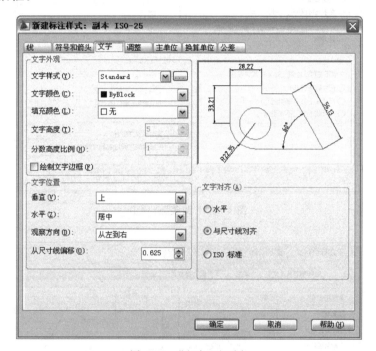

图 4-22　"文字"选项卡

　　"文字"选项卡中,"文字外观"选项组用于设置尺寸文字的样式等。"文字位置"选项
组用于设置尺寸文字的位置。"文字对齐"选项组则用于确定尺寸文字的对齐方式。

　　(4)"调整"选项卡。

　　此选项卡用于控制尺寸文字、尺寸线以及尺寸箭头等的位置和其他一些特征。
图 4-23 是对应的对话框。

　　"调整"选项卡中,"调整选项"选项组确定当尺寸界线之间没有足够的空间同时放置
尺寸文字和箭头时,应首先从尺寸界线之间移出尺寸文字和箭头的那一部分,用户可通过
该选项组中的各单选按钮进行选择。"文字位置"选项组确定当尺寸文字不在默认位置
时,应将其放在何处。"标注特征比例"选项组用于设置所标注尺寸的缩放关系。"优化"
选项组用于设置标注尺寸时是否进行附加调整。

　　(5)"主单位"选项卡。

　　此选项卡用于设置主单位的格式、精度以及尺寸文字的前缀和后缀。图 4-24 为对应
的对话框。

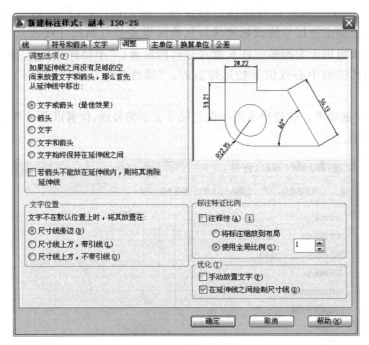

图 4-23 "调整"选项卡

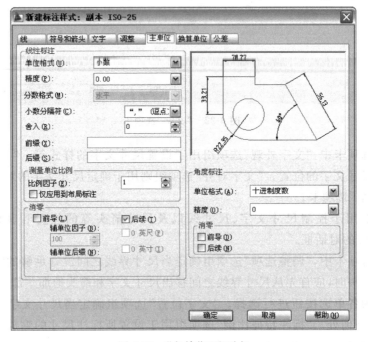

图 4-24 "主单位"选项卡

"主单位"选项卡中,"线性标注"选项组用于设置线性标注的格式与精度。"角度标注"选项组确定标注角度尺寸时的单位、精度以及消零否。

（6）"换算单位"选项卡。

"换算单位"选项卡用于确定是否使用换算单位以及换算单位的格式，对应的选项卡如图 4-25 所示。

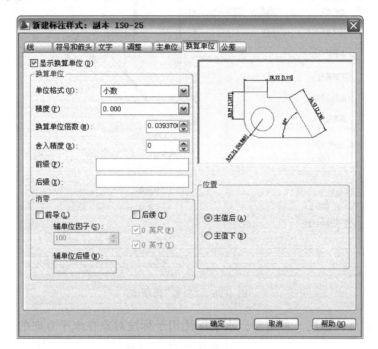

图 4-25　"换算单位"选项卡

"换算单位"选项卡中，"显示换算单位"复选框用于确定是否在标注的尺寸中显示换算单位。"换算单位"选项组确定换算单位的单位格式、精度等设置。"消零"选项组确定是否消除换算单位的前导或后续零。"位置"选项组则用于确定换算单位的位置。用户可在"主值后"与"主值下"之间选择。

（7）"公差"选项卡。

"公差"选项卡用于确定是否标注公差，如果标注公差的话，以何种方式进行标注。图 4-26 为对应的选项卡。

"公差"选项卡中，"公差格式"选项组用于确定公差的标注格式。"换算单位公差"选项组用于确定当标注换算单位时换算单位公差的精度与消零否。

利用"新建标注样式"对话框设置样式后，单击对话框中的"确定"按钮，完成样式的设置，AutoCAD 返回到"标注样式管理器"对话框，单击对话框中的"关闭"按钮关闭对话框，完成尺寸标注样式的设置。

4.3.3　尺寸标注命令

1. 线性标注

线性标注指标注图形对象在水平方向、垂直方向或指定方向的尺寸，又分为水平标

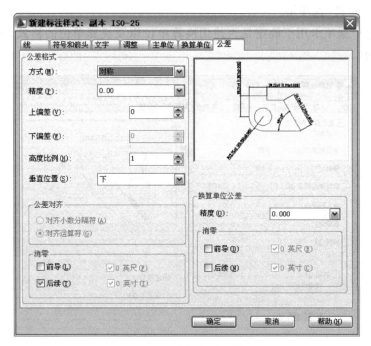

图 4-26 "公差"选项卡

注、垂直标注和旋转标注 3 种类型。水平标注用于标注对象在水平方向的尺寸,即尺寸线沿水平方向放置;垂直标注用于标注对象在垂直方向的尺寸,即尺寸线沿垂直方向放置;旋转标注则标注对象沿指定方向的尺寸。

命令:DIMLINEAR。

单击"标注"工具栏上的 ⊟(线性)按钮,或执行"标注"→"线性"命令,即执行 DIMLINEAR 命令,AutoCAD 提示:

指定第一条尺寸界线原点或<选择对象>:

在此提示下用户有两种选择,即确定一点作为第一条尺寸界线的起始点或直接按 Enter 键选择对象。

1)指定第一条尺寸界线原点

如果在"指定第一条尺寸界线原点或 <选择对象>:"提示下指定第一条尺寸界线的起始点,AutoCAD 提示:

指定第二条尺寸界线原点:(确定另一条尺寸界线的起始点位置)
指定尺寸线位置或
[多行文字(M)/文字(T)/角度(A)/水平(H)/垂直(V)/旋转(R)]:

其中,"指定尺寸线位置"选项用于确定尺寸线的位置。通过拖动鼠标的方式确定尺寸线的位置后,单击拾取键,AutoCAD 根据自动测量出的两尺寸界线起始点间的对应距离值标注出尺寸。

"多行文字"选项用于根据文字编辑器输入尺寸文字。"文字"选项用于输入尺寸文字。"角度"选项用于确定尺寸文字的旋转角度。"水平"选项用于标注水平尺寸,即沿水平方向的尺寸。"垂直"选项用于标注垂直尺寸,即沿垂直方向的尺寸。"旋转"选项用于旋转标注,即标注沿指定方向的尺寸。

2) ＜选择对象＞

如果在"指定第一条尺寸界线原点或＜选择对象＞:"提示下直接按 Enter 键,即执行"＜选择对象＞"选项,AutoCAD 提示:

> 选择标注对象:

此提示要求用户选择要标注尺寸的对象。用户选择后,AutoCAD 将该对象的两端点作为两条尺寸界线的起始点,并提示:

> 指定尺寸线位置或
> [多行文字(M)/文字(T)/角度(A)/水平(H)/垂直(V)/旋转(R)]:

对此提示的操作与前面介绍的操作相同,用户响应即可。

2. 对齐标注

对齐标注指所标注尺寸的尺寸线与两条尺寸界线起始点间的连线平行。

命令: DIMALIGNED。

单击"标注"工具栏上的 ⬉(对齐)按钮,或执行"标注"→"对齐"命令,即执行 DIMALIGNED 命令,AutoCAD 提示:

> 指定第一条尺寸界线原点或 ＜选择对象＞:

在此提示下的操作与标注线性尺寸类似,不再介绍。

3. 角度标注

标注角度尺寸。

命令: DIMANGULAR。

单击"标注"工具栏上的 ⬦(角度)按钮,或执行"标注"→"角度"命令,即执行 DIMANGULAR 命令,AutoCAD 提示:

> 选择圆弧、圆、直线或 ＜指定顶点＞:

此时可以标注圆弧的包含角、圆上某一段圆弧的包含角、两条不平行直线之间的夹角或根据给定的 3 点标注角度。

(1) 标注圆弧的包含角: 在提示下选择圆弧。

(2) 标注圆上某段圆弧的包含角:

执行 DIMANGULAR 命令,AutoCAD 命令提示。

> 选择圆弧、圆、直线或<指定顶点>：

在此提示下选择圆。

AutoCAD 命令提示：

> 指定角的第二个端点：

在此提示下确定另一点作为角的第二个端点。

AutoCAD 命令提示：

> 指定标注弧线位置或[多行文字(M) 文字(T) 角度(A) 象限点(Q)]：

移动鼠标到合适位置，单击确定标注，AutoCAD 2012 标注出角度值。

（3）标注两条不平行直线的夹角：标注方法与线性标注方法一样。

（4）根据 3 个点标注角度：在提示下分别选择三个端点。

4. 直径标注

为圆或圆弧标注直径尺寸。

命令：DIMDIAMETER。

单击"标注"工具栏上的 ◎（直径）按钮，或执行"标注"→"直径"命令，即执行 DIMDIAMETER，AutoCAD 提示：

> 选择圆弧或圆：(选择要标注直径的圆或圆弧)
> 指定尺寸线位置或 [多行文字(M)/文字(T)/角度(A)]：

如果在该提示下直接确定尺寸线的位置，AutoCAD 按实际测量值标注出圆或圆弧的直径。也可以通过"多行文字(M)"、"文字(T)"以及"角度(A)"选项确定尺寸文字和尺寸文字的旋转角度。

5. 半径标注

为圆或圆弧标注半径尺寸。

命令：DIMRADIUS。

单击"标注"工具栏上的 ◎（半径）按钮，或执行"标注"→"半径"命令，即执行 DIMRADIUS 命令，AutoCAD 提示：

> 选择圆弧或圆：(选择要标注半径的圆弧或圆)
> 指定尺寸线位置或 [多行文字(M)/文字(T)/角度(A)]：

根据需要响应即可。

6. 弧长标注

为圆弧标注长度尺寸。

命令：DIMARC。

单击"标注"工具栏上的 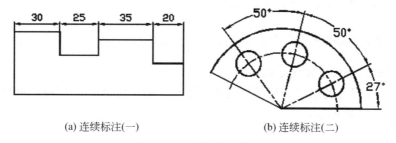（弧长）按钮，或执行"标注"→"弧长"命令，即执行 DIMARC 命令，AutoCAD 提示：

> 选择弧线段或多段线弧线段：(选择圆弧段)
> 指定弧长标注位置或 [多行文字(M)/文字(T)/角度(A)/部分(P)/引线(L)]：

根据需要响应即可。

7. 折弯标注

为圆或圆弧创建折弯标注。

命令：DIMJOGGED。

单击"标注"工具栏上的（折弯）按钮，或执行"标注"→"折弯"命令，即执行 DIMJOGGED 命令，AutoCAD 提示：

> 选择圆弧或圆：(选择要标注尺寸的圆弧或圆)
> 指定中心位置替代：(指定折弯半径标注的新中心点，以替代圆弧或圆的实际中心点)
> 指定尺寸线位置或 [多行文字(M)/文字(T)/角度(A)]：(确定尺寸线的位置，或进行其他设置)
> 指定折弯位置：(指定折弯位置)

8. 连续标注

连续标注指在标注出的尺寸中，相邻两尺寸线共用同一条尺寸界线，如图 4-27 所示。

(a) 连续标注(一)　　　　　　　(b) 连续标注(二)

图 4-27　连续标注示意图

命令：DIMCONTINUE。

单击"标注"工具栏上的（连续）按钮，或执行"标注"→"连续"命令，即执行 DIMCONTINUE 命令，AutoCAD 提示：

> 指定第二条尺寸界线原点或 [放弃(U)/选择(S)]<选择>：

1）指定第二条尺寸界线原点

确定下一个尺寸的第二条尺寸界线的起始点。用户响应后，AutoCAD 按连续标注方式标注出尺寸，即把上一个尺寸的第二条尺寸界线作为新尺寸标注的第一条尺寸界线标注尺寸，而后 AutoCAD 继续提示：

> 指定第二条尺寸界线原点或 [放弃(U)/选择(S)]<选择>：

此时可再确定下一个尺寸的第二条尺寸界线的起点位置。当用此方式标注出全部尺寸后，在上述同样的提示下按 Enter 键或 Space 键，结束命令的执行。

2）选择

该选项用于指定连续标注将从哪一个尺寸的尺寸界线引出。执行该选项，AutoCAD 提示：

> 选择连续标注：

在该提示下选择尺寸界线后，AutoCAD 会继续提示：

> 指定第二条尺寸界线原点或 [放弃(U)/选择(S)]<选择>：

在该提示下标注出的下一个尺寸会以指定的尺寸界线作为其第一条尺寸界线。执行连续尺寸标注时，有时需要先执行"选择(S)"选项来指定引出连续尺寸的尺寸界线。

9. 基线标注

基线标注指各尺寸线从同一条尺寸界线处引出。

命令：DIMBASELINE。

单击"标注"工具栏上的 📏（基线）按钮，或执行"标注"→"基线"命令，即执行 DIMBASELINE 命令，AutoCAD 提示：

> 指定第二条尺寸界线原点或 [放弃(U)/选择(S)]<选择>：

1）指定第二条尺寸界线原点

确定下一个尺寸的第二条尺寸界线的起始点。确定后 AutoCAD 按基线标注方式标注出尺寸，而后继续提示：

> 指定第二条尺寸界线原点或 [放弃(U)/选择(S)]<选择>：

此时可再确定下一个尺寸的第二条尺寸界线起点位置。用此方式标注出全部尺寸后，在同样的提示下按 Enter 键或 Space 键，结束命令的执行。

2）选择(S)

该选项用于指定基线标注时作为基线的尺寸界线。执行该选项，AutoCAD 提示：

选择基准标注：

在该提示下选择尺寸界线后，AutoCAD 继续提示：

指定第二条尺寸界线原点或 [放弃(U)/选择(S)]<选择>：

在该提示下标注出的各尺寸均从指定的基线引出。执行基线尺寸标注时，有时需要先执行"选择(S)"选项来指定引出基线尺寸的尺寸界线。

10. 绘圆心标记

为圆或圆弧绘圆心标记或中心线。

命令：DIMCENTER。

单击"标注"工具栏上的"圆心标记"按钮，或执行"标注"→"圆心标记"命令，即执行 DIMCENTER 命令，AutoCAD 提示：

选择圆弧或圆：

在该提示下选择圆弧或圆即可。

11. 多重引线标注

利用多重引线标注，用户可以标注（标记）注释、说明等。

1) 多重引线样式

用户可以设置多重引线的样式。

命令：MLEADERSTYLE。

单击"多重引线"工具栏上的"多重引线样式"按钮，或执行 MLEADERSTYLE 命令，AutoCAD 打开"多重引线样式管理器"对话框，如图 4-28 所示。

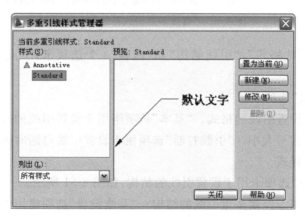

图 4-28 "多重引线样式管理器"对话框

对话框中，"多重引线样式"用于显示当前多重引线样式的名称。"样式"列表框用于列出已有的多重引线样式的名称。"列出"下拉列表框用于确定要在"样式"列表框中列出哪些多重引线样式。"预览"图像框用于预览在"样式"列表框中所选中的多重引线样式的

标注效果。"置为当前"按钮用于将指定的多重引线样式设为当前样式。"新建"按钮用于
创建新多重引线样式。单击"新建"按钮，
AutoCAD 打开如图 4-29 所示的"创建新多重引
线样式"对话框。用户可以通过对话框中的"新
样式名"文本框指定新样式的名称；通过"基础样
式"下拉列表框确定用于创建新样式的基础样
式。确定新样式的名称和相关设置后，单击"继
续"按钮，AutoCAD 打开对应的对话框，如
图 4-30 所示。

图 4-29　"创建新多重引线样式"对话框

图 4-30　"修改多重引线样式"对话框

对话框中有"引线格式"、"引线结构"和"内容"3 个选项卡，下面分别介绍这 3 个选
项卡。

(1)"引线格式"选项卡。

此选项卡用于设置引线的格式。"基本"选项组用于设置引线的外观。"箭头"选项组
用于设置箭头的样式与大小。"引线打断"选项用于设置引线打断时的距离值。预览框用
于预览对应的引线样式。

(2)"引线结构"选项卡用于设置引线的结构，如图 4-31 所示。

"约束"选项组用于控制多重引线的结构。"基线设置"选项组用于设置多重引线中的
基线。"比例"选项组用于设置多重引线标注的缩放关系。

(3)"内容"选项卡用于设置多重引线标注的内容，如图 4-32 所示。

"多重引线类型"下拉列表框用于设置多重引线标注的类型。"文字选项"选项组用于
设置多重引线标注的文字内容。"引线连接"选项组一般用于设置标注出的对象沿垂直方
向相对于引线基线的位置。

图 4-31 "引线结构"选项卡

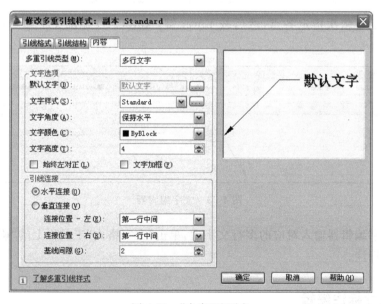

图 4-32 "内容"选项卡

2）多重引线标注方法

命令：MLEADER。

单击"多重引线"工具栏上的"多重引线"按钮执行，即执行 MLEADER 命令，AutoCAD 提示：

指定引线箭头的位置或 [引线基线优先(L)/内容优先(C)/选项(O)] <选项>：

提示中,"指定引线箭头的位置"选项用于确定引线的箭头位置;"引线基线优先(L)"和"内容优先(C)"选项分别用于确定将首先确定引线基线的位置还是首先确定标注内容,用户根据需要选择即可;"选项(O)"用于多重引线标注的设置,执行该选项,AutoCAD 提示:

> 输入选项 [引线类型(L)/引线基线(A)/内容类型(C)/最大节点数(M)/第一个角度(F)/第二个角度(S)/退出选项(X)] <内容类型>:

其中,"引线类型(L)"选项用于确定引线的类型;"引线基线(A)"选项用于确定是否使用基线;"内容类型(C)"选项用于确定多重引线标注的内容(多行文字、块或无);"最大节点数(M)"选项用于确定引线端点的最大数量;"第一个角度(F)"和"第二个角度(S)"选项用于确定前两段引线的方向角度。

执行 MLEADER 命令后,如果在"指定引线箭头的位置或 [引线基线优先(L)/内容优先(C)/选项(O)] <选项>:"提示下指定一点,即指定引线的箭头位置后,AutoCAD提示:

> 指定下一点或 [端点(E)] <端点>:(指定点) 指定下一点或 [端点(E)] <端点>:

在该提示下依次指定各点,然后按 Enter 键,AutoCAD 弹出文字编辑器,如图 4-33所示。

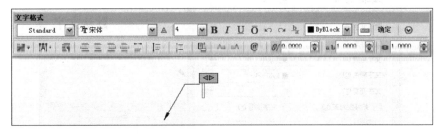

图 4-33 文字编辑器

通过文字编辑器输入对应的多行文字后,单击"文字格式"工具栏上的"确定"按钮,即可完成引线标注。

4.3.4 尺寸标注编辑

1. 修改尺寸文字

修改已有尺寸的尺寸文字。

命令: DDEDIT。

执行 DDEDIT 命令,AutoCAD 提示:

> 选择注释对象或 [放弃(U)]:

在该提示下选择尺寸，AutoCAD 弹出"文字格式"工具栏，并将所选择尺寸的尺寸文字设置为编辑状态，用户可直接对其进行修改，如修改尺寸值、修改或添加公差等。

2. 修改尺寸文字的位置

修改已标注尺寸的尺寸文字的位置。

命令：DIMTEDIT。

单击"标注"工具栏上的"编辑文字标注"按钮，即执行 DIMTEDIT 命令，AutoCAD 提示：

选择标注：(选择尺寸)
指定标注文字的新位置或 [左 (L) / 右 (R) / 中心 (C) / 默认 (H) / 角度 (A)]：

提示中，"指定标注文字的新位置"选项用于确定尺寸文字的新位置，通过鼠标将尺寸文字拖动到新位置后单击拾取键即可；"左(L)"和"右(R)"选项仅对非角度标注起作用，它们分别决定尺寸文字是沿尺寸线左对齐还是右对齐；"中心(C)"选项可将尺寸文字放在尺寸线的中间；"默认(H)"选项将按默认位置、方向放置尺寸文字；"角度(A)"选项可以使尺寸文字旋转指定的角度。

3. 用 DIMEDIT 命令编辑尺寸

DIMEDIT 命令用于编辑已有尺寸。利用"标注"工具栏上的"编辑标注"按钮可启动该命令。执行 DIMEDIT 命令，AutoCAD 提示：

输入标注编辑类型 [默认 (H) / 新建 (N) / 旋转 (R) / 倾斜 (O)] <默认>：

其中，"默认"选项会按默认位置和方向放置尺寸文字。"新建"选项用于修改尺寸文字。"旋转"选项可将尺寸文字旋转指定的角度。"倾斜"选项可使非角度标注的尺寸界线旋转一角度。

4. 翻转标注箭头

更改尺寸标注上每个箭头的方向。具体操作：首先，选择要改变方向的箭头，然后右击，从弹出的快捷菜单中选择"翻转箭头"命令，即可实现尺寸箭头的翻转。

5. 调整标注间距

用户可以调整平行尺寸线之间的距离。

命令：DIMSPACE。

单击"标注"工具栏中的"等距标注"按钮，或执行"标注"→"标注间距"命令，AutoCAD 提示：

选择基准标注：(选择作为基准的尺寸)
选择要产生间距的标注：(依次选择要调整间距的尺寸)
选择要产生间距的标注：↙
输入值或 [自动 (A)] <自动>：

如果输入距离值后按 Enter 键,AutoCAD 调整各尺寸线的位置,使它们之间的距离值为指定的值。如果直接按 Enter 键,AutoCAD 会自动调整尺寸线的位置。

4.3.5　标注尺寸公差与形位公差

1. 标注尺寸公差

AutoCAD 2012 提供了标注尺寸公差的多种方法。例如,利用前面介绍过的"公差"选项卡,用户可以通过"公差格式"选项组确定公差的标注格式,如确定以何种方式标注公差以及设置尺寸公差的精度、设置上偏差和下偏差等。通过此选项卡进行设置后再标注尺寸,就可以标注出对应的公差。

实际上,标注尺寸时,可以方便地通过在位文字编辑器输入公差。具体操作见教材的练习示例。

2. 标注形位公差

利用 AutoCAD 2012,用户可以方便地为图形标注形位公差。用于标注形位公差的命令是 TOLERANCE,利用"标注"工具栏上的"公差"按钮或"标注"→"公差"命令可启动该命令。执行 TOLERANCE 命令,AutoCAD 弹出如图 4-34 所示的"形位公差"对话框。

其中,"符号"选项组用于确定形位公差的符号。单击其中的小黑方框,AutoCAD 弹出如图 4-35 所示的"特征符号"对话框。用户可从该对话框确定所需要的符号。单击某符号,AutoCAD 退回到"形位公差"对话框,并在对应位置显示出该符号。

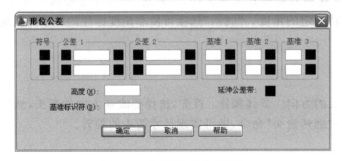
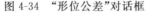

图 4-34　"形位公差"对话框　　　　图 4-35　"特征符号"对话框

另外,"公差 1"、"公差 2"选项组用于确定公差。用户应在对应的文本框中输入公差值。此外,可通过单击位于文本框前边的小方框确定是否在该公差值前加直径符号;单击位于文本框后边的小方框,可从弹出的"包容条件"对话框中确定包容条件。"基准 1""基准 2""基准 3"选项组用于确定基准和对应的包容条件。

通过"形位公差"对话框确定要标注的内容后,单击对话框中的"确定"按钮,AutoCAD 切换到绘图屏幕,并提示:

输入公差位置:

在该提示下确定标注公差的位置即可。

4.4 编辑图形

4.4.1 选择对象

选择对象的方式

当启动 AutoCAD 2012 的某一编辑命令或其他某些命令后,AutoCAD 通常会提示"选择对象:",即要求用户选择要进行操作的对象,同时把十字光标改为小方框形状(称为拾取框),此时用户应选择对应的操作对象。常用选择对象的方式如下。

(1) 直接拾取。

(2) 选择全部对象。

(3) 默认矩形窗口选择方式。

(4) 矩形窗口选择方式。

(5) 交叉矩形窗口选择方式。

(6) 不规则窗口选择方式。

(7) 不规则交叉窗口选择方式。

(8) 前一个方式。

(9) 最后一个方式。

(10) 栏选方式。

(11) 取消操作。

4.4.2 基本编辑命令

1. 删除对象

删除指定的对象,就像是用橡皮擦除图纸上不需要的内容。

命令:ERASE。

方法:单击"修改"工具栏上的"删除"按钮,或执行"修改"→"删除"命令,即执行 ERASE 命令。AutoCAD 提示:

> 选择对象:选择要删除的对象
> 选择对象:(✓)按钮,也可以继续选择对象

2. 移动对象

将选中的对象从当前位置移到另一位置,即更改图形在图纸上的位置。

命令:MOVE。

方法：单击"修改"工具栏上的"移动"按钮，或执行"修改"→"移动"命令，即执行 MOVE 命令。AutoCAD 提示：

> 选择对象：(选择要移动位置的对象)
> 选择对象：↙(也可以继续选择对象)

指定基点或 [位移(D)] <位移>，方法如下。

1) 指定基点

确定移动基点为默认项。执行该默认项，即指定移动基点后，AutoCAD 提示：

> 指定第二个点或 <使用第一个点作为位移>：

在此提示下指定一点作为位移第二点，或直接按 Enter 键或 Space 键，将第一点的各坐标分量(也可以看成为位移量)作为移动位移量移动对象。

2) 位移

根据位移量移动对象，执行该选项。

AutoCAD 提示：

> 指定位移：

如果在此提示下输入坐标值(直角坐标或极坐标)，AutoCAD 将所选择对象按与各坐标值对应的坐标分量作为移动位移量移动对象。

3. 复制对象

复制对象指将选定的对象复制到指定位置。

命令：COPY。

方法：单击"修改"工具栏上的"复制"按钮或执行"修改"→"复制"命令，即执行 COPY 命令。

AutoCAD 提示：

> 选择对象：(选择要复制的对象)
> 选择对象：↙(也可以继续选择对象)

指定基点或 [位移(D)/模式(O)] <位移>，方法如下。

1) 指定基点

确定复制基点，为默认项。执行该默认项，即指定复制基点后，AutoCAD 提示：

> 指定第二个点或 <使用第一个点作为位移>：

在此提示下再确定一点，AutoCAD 将所选择对象按由确定的位移矢量复制到指定位置；如果在该提示下直接按 Enter 键或 Space 键，AutoCAD 将第一点的各坐标分量作为位移量复制对象。

2）指定位移

根据位移量复制对象。执行该选项，AutoCAD 提示：

> 指定位移：

如果在此提示下输入坐标值（直角坐标或极坐标），AutoCAD 将所选择对象按与各坐标值对应的坐标分量作为位移量复制对象。

3）指定模式（O）

确定复制模式。执行该选项，AutoCAD 提示：

> 输入复制模式选项 [单个(S)/多个(M)] <多个>：

其中，"单个（S）"选项表示执行 COPY 命令后只能对选择的对象执行一次复制，而"多个（M）"选项表示可以多次复制，AutoCAD 默认为"多个（M）"。

4. 旋转对象

旋转对象指将指定的对象绕指定点（称其为基点）旋转指定的角度。

方法：单击"修改"工具栏上的"旋转"按钮，或执行"修改"→"旋转"命令，即执行 ROTATE 命令。AutoCAD 提示：

> 选择对象：(选择要旋转的对象)
> 选择对象：↙(也可以继续选择对象)
> 指定基点：(确定旋转基点)

指定旋转角度，或[复制（C）/参照（R）]，方法如下。

1）指定旋转角度

输入角度值，AutoCAD 会将对象绕基点转动该角度。在默认设置下，角度为正时沿逆时针方向旋转，反之沿顺时针方向旋转。

2）复制

创建出旋转对象后仍保留原对象。

3）参照（R）

以参照方式旋转对象。执行该选项，AutoCAD 提示：

> 指定参照角：(输入参照角度值)
> 指定新角度或 [点(P)] <0>：(输入新角度值，或通过两点来确定新角度)

执行结果：AutoCAD 根据参照角度与新角度的值自动计算旋转角度（旋转角度＝新角度－参照角度），然后将对象绕基点旋转该角度。

5. 缩放对象

缩放对象指放大或缩小指定的对象。

命令：SCALE。

方法：单击"修改"工具栏上的"缩放"按钮，或执行"修改"→"缩放"命令，即执行 SCALE 命令，AutoCAD 提示：

> 选择对象：(选择要缩放的对象)
> 选择对象：↙(也可以继续选择对象)
> 指定基点：(确定基点位置)

指定比例因子或 [复制(C)/参照(R)]，方法如下。

1) 指定比例因子

确定缩放比例因子，为默认项。执行该默认项，即输入比例因子后按 Enter 键或 Space 键，AutoCAD 将所选择对象根据该比例因子相对于基点缩放，且 0<比例因子<1 时缩小对象，比例因子>1 时放大对象。

2) 复制(C)

创建出缩小或放大的对象后仍保留原对象。执行该选项后，根据提示指定缩放比例因子即可。

3) 参照(R)

将对象按参照方式缩放。执行该选项，AutoCAD 提示：

> 指定参照长度：(输入参照长度的值)
> 指定新的长度或 [点(P)]：(输入新的长度值或通过两点来确定长度值)

执行结果，AutoCAD 根据参照长度与新长度的值自动计算比例因子(比例因子=新长度值÷参照长度值)，并进行对应的缩放。

6. 偏移对象

创建同心圆、平行线或等距曲线。偏移操作又称为偏移复制。

命令：OFFSET。

方法：单击"修改"工具栏上的"偏移"按钮，或执行"修改"→"偏移"命令，即执行 OFFSET 命令，AutoCAD 提示：

> 指定偏移距离或 [通过(T)/删除(E)/图层(L)] <通过>：

1) 指定偏移距离

根据偏移距离偏移复制对象。在"指定偏移距离或 [通过(T)/删除(E)/图层(L)]："提示下直接输入距离值，AutoCAD 提示：

> 选择要偏移的对象，或 [退出(E)/放弃(U)] <退出>：(选择偏移对象)

指定要偏移的那一侧上的点，或 [退出(E)/多个(M)/放弃(U)] <退出>：(在要复制到的一侧任意确定一点。"多个(M)"选项用于实现多次偏移复制)。

选择要偏移的对象,或［退出(E)/放弃(U)］<退出>：✓(也可以继续选择对象进行偏移复制)。

2)通过

使偏移复制后得到的对象通过指定的点。

3)删除

实现偏移源对象后删除源对象。

4)图层

确定将偏移对象创建在当前图层上还是源对象所在的图层上。

7.镜像对象

将选中的对象相对于指定的镜像线进行镜像。

命令：MIRROR。

方法：单击"修改"工具栏上的"镜像"按钮,或执行"修改"→"镜像"命令,即执行MIRROR命令,AutoCAD提示：

选择对象:(选择要镜像的对象)

选择对象：✓(也可以继续选择对象)：

(1)指定镜像线的第一点：(确定镜像线上的一点)。

(2)指定镜像线的第二点：(确定镜像线上的另一点)。

(3)是否删除源对象?［是(Y)/否(N)］<N>：(根据需要响应即可)。

8.阵列

阵列是 AutoCAD 复制的一种形式,在进行有规律的多重复制时,阵列往往比单纯的复制更有优势。在 AUTOCAD 中,阵列分为最基本的两种：矩形阵列和环形阵列。矩形阵列是进行按多行和多列的复制,并能控制行和列的数目以及行/列的间距。环形阵列即指定环形的中心,用来确定此环形(就是一个圆)的半径。围绕此中心进行圆周上的等距复制。并能控制复制对象的数目决定是否旋转副本。

1)矩形阵列方法

(1)在阵列对话框中,选择"矩形阵列"单选按钮,如图 4-36 所示。

(2)设定行数和列数：指定阵列中的行数和列数。

(3)选择对象：单击"选择对象"按钮,会临时关闭"阵列"对话框,在绘图区域中选择要进行阵列的对象。

(4)在"行偏移"和"列偏移"框中,输入行偏移和列偏移。如果为负值,则表示在 X/Y 轴负方向进行阵列。

(5)指定阵列角度：指定整个矩形阵列的旋转角度。

(6)单击"确定"按钮。

2)环形阵列方法

(1)在"阵列"对话框中,选择"环形阵列"单选按钮,如图 4-37 所示。

图 4-36 "阵列"对话框

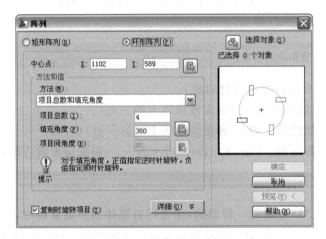

图 4-37 "阵列"对话框

（2）设置中心点：指定环形阵列的中心点。用输入 X 和 Y 轴的坐标值指定。

（3）选择对象：指定用于构造阵列的对象。

（4）选择方法：设置定位对象所用的方法。分为"项目总数和填充角度""项目总数和项目间的角度""填充角度和项目间的角度"几种。

（5）设置项目总数：设置阵列复制出的总数，默认值为 4。

（6）设置填充角度：通过定义阵列中第一个和最后一个对象间的角来设置阵列大小。正值指定逆时针旋转，负值指定顺时针旋转。默认值为 360。不允许值为 0。

（7）项目间角度：项目间角度不用填写，此值会根据填充角度和项目总数自动计算出来。

（8）复制时旋转项目：沿阵列方向旋转/不旋转对象。

（9）单击"确定"按钮。

9. 拉伸对象

拉伸与移动（MOVE）命令的功能有类似之处，可移动图形，但拉伸通常用于使对象拉长或压缩。

命令：STRETCH。

方法：单击"修改"工具栏上的"拉伸"按钮，或执行"修改"→"拉伸"命令，即执行 STRETCH 命令，AutoCAD 提示：

以交叉窗口或交叉多边形选择要拉伸的对象…

选择对象：C↙（或用 CP 响应。第一行提示说明用户只能以交叉窗口方式（即交叉矩形窗口，用 C 响应）或交叉多边形方式（即不规则交叉窗口方式，用 CP 响应）选择对象）。

选择对象：（可以继续选择拉伸对象）。

选择对象：↙。

指定基点或［位移(D)］＜位移＞。

1）指定基点

确定拉伸或移动的基点。

2）位移(D)

根据位移量移动对象。

10．修改对象的长度

改变线段或圆弧的长度。

命令：LENGTHEN。

方法：执行"修改"→"拉长"命令，即执行 LENGTHEN 命令，AutoCAD 提示：

选择对象或 ［增量(DE)/百分数(P)/全部(T)/动态(DY)］：

1）选择对象

显示指定直线或圆弧的现有长度和包含角（对于圆弧而言）。

2）增量

通过设定长度增量或角度增量改变对象的长度。执行此选项，AutoCAD 提示：

输入长度增量或 ［角度(A)］：

在此提示下确定长度增量或角度增量后，再根据提示选择对象，可使其长度改变。

3）百分数

使直线或圆弧按百分数改变长度。

4）全部

根据直线或圆弧的新长度或圆弧的新包含角改变长度。

5）动态

以动态方式改变圆弧或直线的长度。

11．修剪对象

用作为剪切边的对象修剪指定的对象(称后者为被剪边)，即将被修剪对象沿修剪边界(即剪切边)断开，并删除位于剪切边一侧或位于两条剪切边之间的部分。

命令：TRIM。

方法：单击"修改"工具栏上的"修剪"按钮，或执行"修改"→"修剪"命令，即执行TRIM命令，AutoCAD提示：

> 选择剪切边…
> 选择对象或 <全部选择>：(选择作为剪切边的对象，按 Enter 键选择全部对象)
> 选择对象：↙(还可以继续选择对象)

选择要修剪的对象，或按住 Shift 键选择要延伸的对象，或栏选(F)/窗交(C)/投影(P)/边(E)/删除(R)/放弃(U)。

(1) 选择要修剪的对象，或按住 Shift 键选择要延伸的对象。在上面的提示下选择被修剪对象，AutoCAD 会以剪切边为边界，将被修剪对象上位于拾取点一侧的多余部分或将位于两条剪切边之间的部分剪切掉。如果被修剪对象没有与剪切边相交，在该提示下按下 Shift 键后选择对应的对象，AutoCAD 则会将其延伸到剪切边。

(2) 栏选(F)。以栏选方式确定被修剪对象。

(3) 窗交(C)。使与选择窗口边界相交的对象作为被修剪对象。

(4) 投影(P)。确定执行修剪操作的空间。

(5) 边(E)。确定剪切边的隐含延伸模式。

(6) 删除(R)。删除指定的对象。

(7) 放弃(U)。取消上一次的操作。

12．延伸对象

将指定的对象延伸到指定边界。

命令：EXTEND。

方法：单击"修改"工具栏上的"延伸"按钮，或执行"修改"→"延伸"命令，即执行EXTEND命令，AutoCAD提示：

> 选择边界的边 …
> 选择对象或 <全部选择>：(选择作为边界边的对象，按 Enter 键则选择全部对象)。
> 选择对象：↙(也可以继续选择对象)。

选择要延伸的对象，或按住 Shift 键选择要修剪的对象，或[栏选(F)/窗交(C)/投影(P)/边(E)/放弃(U)]。

(1) 选择要延伸的对象，或按住 Shift 键选择要修剪的对象。

选择对象进行延伸或修剪，为默认项。用户在该提示下选择要延伸的对象，AutoCAD 把该对象延长到指定的边界对象。如果延伸对象与边界交叉，在该提示下按下 Shift 键,然后选择对应的对象,那么 AutoCAD 会修剪它,即将位于拾取点一侧的对象用边界对象将其修剪掉。

(2)栏选(F)。以栏选方式确定被延伸对象。

(3)窗交(C)。使与选择窗口边界相交的对象作为被延伸对象。

(4)投影(P)。确定执行延伸操作的空间。

(5)边(E)。确定延伸的模式。

(6)放弃(U)。取消上一次的操作。

13．打断对象

从指定的点处将对象分成两部分,或删除对象上所指定两点之间的部分。

命令:BREAK。

方法:执行"修改"→"打断"命令,即执行 BREAK 命令,AutoCAD 提示:

选择对象:(选择要断开的对象。此时只能选择一个对象)

指定第二个打断点或［第一点(F)］。

1)指定第二个打断点

此时 AutoCAD 以用户选择对象时的拾取点作为第一断点,并要求确定第二断点。用户可以有以下选择。

如果直接在对象上的另一点处单击拾取键,AutoCAD 将对象上位于两拾取点之间的对象删除掉。

如果输入符号@后按 Enter 键或 Space 键,AutoCAD 在选择对象时的拾取点处将对象一分为二。

如果在对象的一端之外任意拾取一点,AutoCAD 将位于两拾取点之间的那段对象删除掉。

2)第一点(F)

重新确定第一断点。执行该选项,AutoCAD 提示:

指定第一个打断点:(重新确定第一断点)
指定第二个打断点:

在此提示下,可以按前面介绍的 3 种方法确定第二断点。

14．创建倒角

在两条直线之间创建倒角。

命令:CHAMFER。

方法:单击"修改"工具栏上的"倒角"按钮,或执行"修改"→"倒角"命令,即执行 CHAMFER 命令,AutoCAD 提示:

（"修剪"模式）当前倒角距离 1=0.0000,距离 2=0.0000
选择第一条直线或 [放弃(U)/多段线(P)/距离(D)/角度(A)/修剪(T)/方式(E)/多个(M)]:

提示的第一行说明当前的倒角操作属于"修剪"模式,且第一、第二倒角距离分别为 1 和 2。

1）选择第一条直线

要求选择进行倒角的第一条线段,为默认项。选择某一线段,即执行默认项后,AutoCAD 提示:

选择第二条直线,或按住 Shift 键选择要应用角点的直线:

在该提示下选择相邻的另一条线段即可。

2）多段线(P)

对整条多段线倒角。

3）距离(D)

设置倒角距离。

4）角度(A)

根据倒角距离和角度设置倒角尺寸。

5）修剪(T)

确定倒角后是否对相应的倒角边进行修剪。

6）方式(E)

确定将以什么方式倒角,即根据已设置的两倒角距离倒角,还是根据距离和角度设置倒角。

7）多个(M)

如果执行该选项,当用户选择了两条直线进行倒角后,可以继续对其他直线倒角,不必重新执行 CHAMFER 命令。

8）放弃(U)

放弃已进行的设置或操作。

提示中,第二行的含义如下。

1）选择第一个对象

此提示要求选择创建圆角的第一个对象,为默认项。用户选择后,AutoCAD 提示:

选择第二个对象,或按住 Shift 键选择要应用角点的对象:

在此提示下选择另一个对象,AutoCAD 按当前的圆角半径设置对它们创建圆角。如果按住 Shift 键选择相邻的另一对象,则可以使两对象准确相交。

2）多段线(P)

对二维多段线创建圆角。

3）半径(R)

设置圆角半径。

4）修剪(T)

确定创建圆角操作的修剪模式。

5）多个(M)

执行该选项且用户选择两个对象创建出圆角后,可以继续对其他对象创建圆角,不必重新执行 FILLET 命令。

15. 利用夹点功能编辑图形

夹点是一些实心小方框。当在"命令:"提示下直接选择对象后,在对象的各关键点处就会显示出夹点(又称为特征点)。用户可以通过拖动这些夹点的方式方便地进行拉伸、移动、旋转、缩放以及镜像等编辑操作。

4.4.3 编辑对象属性

通过"特性"工具栏可以快速设置图形的颜色、线型和线宽属性。

通过"图层"工具栏可以快速改变图形所在的图层,如图 4-38 所示。

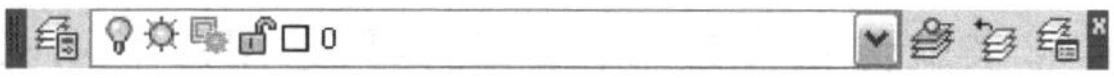

图 4-38 "图层"工具栏

在"特性"面板中,不同的对象将显示不同的属性。"特性"面板对图形的属性进行了分类,每一项属性的右侧都有一个文本框,文本框内记录了当前选中的图形的相关信息,如果想要修改这些信息,可以单击文本框来修改。

4.4.4 清理及核查

1. 清理

功能:用于清除当前图形文件未使用的已命名项目。

命令:Purge。

菜单:执行"文件"→"绘图使用程序"→"清理(P)"命令。

工具栏:单击"清理"按钮。

2. 核查

功能:用于修复损坏的图形文件。

命令:Recover。

菜单:执行"文件"→"绘图使用程序"→"核查"命令。

4.5 图形显示

图形显示缩放只是将屏幕上的对象放大或缩小其视觉尺寸,就像用放大镜或缩小镜(如果有的话)观看图形一样,从而可以放大图形的局部细节,或缩小图形观看全貌。执行显示缩放后,对象的实际尺寸仍保持不变。

4.5.1 图形的重画与重生成

1. 重画

经常使用 AutoCAD 的用户应该清楚,当对一个图形进行了较长时间的编辑之后,可能会在屏幕上留下一些残迹。要清除这些残迹,就需要使用 Redrawall(重画)和 Redraw(重画)命令。

在 AutoCAD 中,Redrawall(重画)命令用于刷新所有视口的显示(针对多视口操作),Redraw(重画)命令用于刷新当前视口的显示。

2. 重生成

在使用 AutoCAD 绘图时经常碰到这样的情况:绘制一个半径很小的圆,滚动鼠标中键将其放大显示,圆看起来就像正多边形。这其实只是图形显示的问题,并不是图形错误,要解决这个问题就要通过 Regen(重生成)和 Regenall(全部重生成)命令。

使用 Regen(重生成)命令可以优化当前视口的图形显示;使用 Regenall(全部重生成)命令可以优化所有视口的图形显示,如图 4-39 所示。

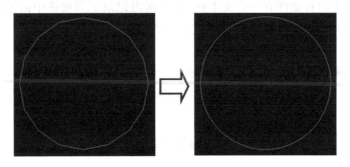

图 4-39　圆重生成前后对比图

4.5.2 图形的缩放与平移

1. 图形的缩放

命令:ZOOM。
利用菜单命令或工具栏实现缩放。
AutoCAD 2012 提供了用于实现缩放操作的菜单命令和工具栏按钮,利用它们可以快速执行缩放操作。
图 4-40 和图 4-41 分别是"缩放"子菜单(位于"视图"下拉菜单)和"缩放"工具栏,利用它们可实现对应的缩放。

图 4-40　"缩放"子菜单

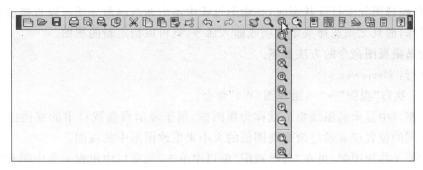

图 4-41 "缩放"工具栏

2. 图形显示移动

图形显示移动是指移动整个图形,就像是移动整个图纸,以便使图纸的特定部分显示在绘图窗口。执行显示移动后,图形相对于图纸的实际位置并不发生变化。

PAN 命令用于实现图形的实时移动。执行该命令,AutoCAD 在屏幕上出现一个小手光标,并提示:

按 Esc 或 Enter 键退出,或单击右键显示快捷菜单。

同时在状态栏上提示:

"按住拾取键并拖动进行平移"。

此时按下拾取键并向某一方向拖动鼠标,就会使图形向该方向移动;按 Esc 键或 Enter 键可结束 PAN 命令的执行;如果右击,AutoCAD 会弹出快捷菜单供用户选择。

另外,AutoCAD 还提供了用于移动操作的命令,这些命令位于"视图"→"平移"子菜单中,如图 4-42 所示,利用其可执行各种移动操作。

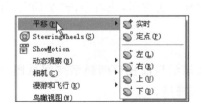

图 4-42 "平移"子菜单

图 4-43 鸟瞰视图窗口

4.5.3 鸟瞰视图

AutoCAD 中提供了鸟瞰视图窗口,如图 4-43 所示。利用该窗口可快速更改当前视图,只要鸟瞰视图处于打开状态时,在绘图过程中不中断当前命令便可以直接进行平移或缩放等操作,而且无须选择菜单选项或输入命令,就可以指定新的视图。

启动鸟瞰视图命令的方法如下。

命令行：Dsviewer。

菜单：执行"视图"→"鸟瞰视图(W)"命令。

在该窗口中显示的粗线矩形框称为视图框,用于显示当前视口中的视图边界。用户可移动视图的位置或者通过改变视图框的大小来更改图形中的视图。

当需要平移视图时,可在"鸟瞰视图"窗口中单击,当窗口中出现一个中间有"×"形标记的细线矩形时,移动鼠标,绘图窗口中的图形随之移动,确定好位置后,按 Enter 键即可实现平移视图操作。

当缩放视图时,可在细线矩形框内单击,使其右侧显示一个箭头标记,如果向左拖动将缩小视图框的尺寸,这将扩大图形的显示比例;而向右拖动将放大视图框,这将缩小图形的显示比例,最后按 Enter 键或右击可确定视图框的尺寸,并结束缩放操作,这时在绘图区域中的图形就会发生相应的变化。

另外,用户可通过执行"鸟瞰视图"窗口中所提供的命令来改变该窗口中图像的放大比例,或以增量方式重新调整图像的大小,这些更改不会影响绘图本身的视图。

在该窗口的"视图"和"选项"菜单中提供了下面的选项。

1. 放大

该项表示以当前视图框为中心放大两倍来增大"鸟瞰视图"窗口中的图形显示比例,单击"放大"按钮同样可完成该操作。

2. 缩小

表示以当前视图框为中心缩小两倍来减小"鸟瞰视图"窗口中的图形显示比例,单击"缩小"按钮也可实现。

3. 全局

表示在"鸟瞰视图"窗口中显示整个图形和当前视图,或者单击"全局"按钮来完成。

4. 自动视口

选择这项后,当显示多重视口时,将自动显示当前视口的模型空间视图;而取消该项选择之后,将不会更新"鸟瞰视图"以匹配当前视口。

5. 动态更新

该项表示编辑图形时更新"鸟瞰视图"窗口;而取消该项后,表示只有切换到该窗口后才能对其进行更新。

6. 实时缩放

该项表示使用"鸟瞰视图"窗口进行缩放时更新绘图区域。

注意：当前视图如果全部充满"鸟瞰视图"窗口时,将不可能再放大视图。

4.5.4 平铺视口与多窗口排列

AutoCAD 2012 提供了模型空间(Model Space)和布局空间(Paper Space)。

模型空间可以绘制二维图形和三维模型,并带有尺寸标注。用 Vports 命令创建视口和视口设置,并可以保存起来,以备日后使用。并且只能打印激活的视口,如果 UCS 图标设置为 ON,该图标就会出现在激活的视口中。

布局空间是提供了真实的打印环境,可以即时预览到打印出图前的整体效果,布局空间只能是二维显示。在布局空间中可以创建一个或多个浮动视口,每个视口的边界是实体,可以删除、移动、缩放、拉伸编辑;可以同时打印多个视口及其内容。

1. 平铺视口

【命令格式】

命令行：Vports。

菜单：执行"视图"→"视口(V)"命令。

平铺视口可以将屏幕分割为若干个矩形视口,与此同时,可以在不同视口中显示不同角度不同显示模式的视图。

【操作步骤】

用平铺视口将魔术方块在模型空间中建立 3 个视口,按如下步骤操作,如图 4-44 所示。

```
命令：Vports                                    执行 Vports 命令
视口：?列出/保存(S)/还原(R)/删除(D)/单个(SI)/连接(J)/2/3/4/<3>：3
输入 3                                          设置平铺视口数量
三个视口：水平(H)/竖向(V)/上方(A)/下方(B)/左边(L)/<右边(R)>：L
输入 L                                          平铺视口配置左边方式
```

视口命令的选项介绍如下。

列出：列出当前活动视口的视口名以及各个视口的屏幕位置(左上角和右下角坐标值)。

保存(S)：将当前视口配置以指定的名称保存,以备日后调用。

还原(R)：恢复先前保存过的视口。

删除(D)：删除已命名保存的视口设置。

单个(SI)：将当前的多个视口合并为单一视口。

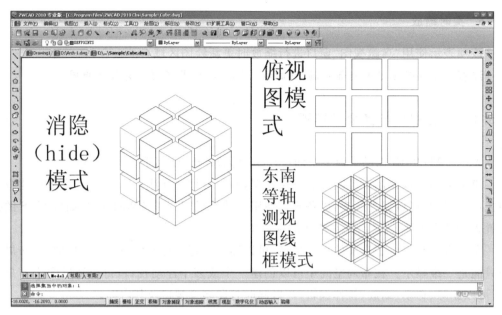

图 4-44　魔术方块的 3 个平铺视口分别显示的 3 种不同效果

连接(J)：将两个相邻视口合并成一个。

2/3/4：分别在模型空间中建立 2、3、4 个视口。

2. 多窗口排列

【命令格式】

命令行：Syswindows。

菜单：执行"窗口"命令。

窗口排列方式有层叠、水平和垂直平铺、排列图标等方式。

【操作步骤】

当打开多张图纸时，可以使用层叠、横向排列和竖向排列来布置视图在屏幕中的布局。如果需要查看每个图纸的所在路径或文件名，可以执行"窗口"→"层叠"命令。为了将所有窗口垂直排列，以使它们从左向右排列，可以执行"窗口"→"垂直平铺"命令，窗口的大小将自动调整以适应所提供的空间，如图 4-45 所示。

小提示：

多个视口时，只能对激活的视口进行编辑，激活的视口边框会变宽加粗。

可以分别为每一个视图进行栅格、实体捕捉或视点方向的设置，还可以为其中的某个视图重新命名，或者在各个视图之间进行操作，甚至为某个视图命名以方便以后使用。

可以在一个视口中执行一个命令，切换到另一个视口中结束此命令。

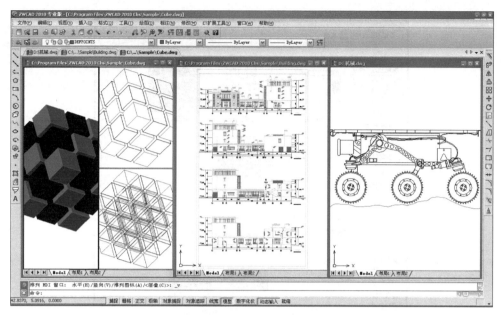

图 4-45　多个图形垂直平铺

4.5.5　光栅图像

用扫描仪、数码相机、航拍所得到的图片都为光栅图像,由于光栅图像是由像素点组成,所以也称为"点阵图或位图"。还有一种类型图像是矢量图,矢量图像也称为"面向对象的图像或绘图图像",在数学上定义为一系列由线连接的点。因光栅图像文件通常比矢量图形文件小,所以光栅图像相比矢量图缩放和平移速度快。

插入光栅图像

【命令格式】

命令行:Imageattach(IAT)。

菜单:执行"插入"→"光栅图像(I)"命令。

AutoCAD 2012 支持常见的光栅图像文件,如 bmp、jpg、gif、png、tif、pcx、tga 等类型的光栅图像文件。

【操作步骤】

执行 Imageattach 命令后,打开"选择图像文件"对话框,如图 4-46 所示。

选择所需图像文件后,单击"打开"按钮,弹出"图像"对话框,如图 4-47 所示。

"图像"对话框的功能选项和操作都与"外部参照"对话框相似。单击"确定"按钮后根据命令行的提示可确定图像的大小。

小提示:

光栅图像如果放得太大,就会出现马赛克状的像素点,如果需要放很大的话,需要高质量的分辨率图像。

图 4-46 "选择图像文件"对话框

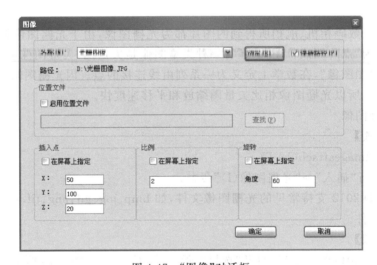

图 4-47 "图像"对话框

4.5.6 绘图顺序

如果当前工作文件中的图形元素很多,而且不同的图形重叠,非常不利于操作。比如要选择某一个图形,但是这个图形被其他的图形遮住了,这时候该怎么办呢?很简单,通过控制图形的绘图次序来解决,把挡在前面的图形后置,让被遮住的图形显示在最前面。

利用工具栏可以调整绘图顺序，如图 4-48 所示。

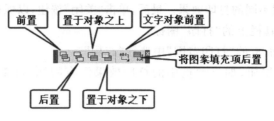

图 4-48　绘图顺序工具栏

4.6　图纸布局与图形输出

输出图形是计算机绘图中的一个重要的环节。在 AutoCAD 2012 中，图形可以从打印机上输出为纸制的图纸，也可以用软件的自带功能输出为电子档的图纸。在打印或输出之前，参数的设置是十分关键的。

4.6.1　图纸布局

布局在 CAD 打印中是专门用来控制打印效果的，而打印设置会涉及打印机选择、打印范围、打印比例、打印方向、打印输出颜色等各种问题。要想高效地管理各种打印参数，可以使用布局中的页面设置管理器，使布局打印变得简单方便。

1. 模型空间与图纸空间

模型空间是建立模型时所处的 AutoCAD 环境。在模型空间里，可以按照物体的实际尺寸绘制、编辑二维或三维图形，也可以进行三维实体造型，还可以全方位地显示图形对象，它是一个三维环境。

图纸空间的“图纸”与真实的图纸相对应，图纸空间是设置、管理视图的 AutoCAD 环境。模型空间中的三维对象在图纸空间中是用二维平面上的投影来表示的，它是一个二维环境。

所谓布局，相当于图纸空间环境。一个布局就是一张图纸，并提供预置的打印页面设置。利用布局可以在图纸空间方便快捷地创建多个视口来显示不同的视图。

2. 创建布局

（1）在“布局”标签上右击，选择快捷菜单上的“页面设置管理器”。

（2）选择相应的页面设置，单击“修改”按钮修改其打印参数。如果想使用新的页面设置，可单击“新建”按钮。

（3）在弹出的“页面设置”对话框中对打印机、打印范围用窗口方式进行设置，然后设置打印比例和打印样式表等所有打印参数，并单击“确定”按钮，软件就会将页面设置进行保存。

（4）返回页面设置管理器,可按相同的步骤设置多个页面设置,然后为每一布局指定不同的页面设置,以得到不同的打印效果。最后,单击"关闭"按钮,以保存之前所做的设置。

（5）单击快捷工具栏上的"打印"图标。

（6）在打印控制面板的"打印范围"中选择"布局"。

（7）单击"预览"按钮,如果预览中的打印效果没有问题,可单击"打印"按钮,完成打印。

4.6.2 图形输出

输出功能是将图形转换为其他类型的图形文件,如 bmp、wmf 等,以达到和其他软件兼容的目的。"输出数据"对话框图如图 4-49 所示。

图 4-49 "输出数据"对话框

【命令格式】

命令行：Export。

菜单：执行"文件"→"输出(E)"命令。

将当前图形文件输出到所选取的文件类型。

由"输出数据"对话框中的文件类型,可以看出 CAD 的输出文件有 8 种类型,都为图形工作中常用的文件类型,能够保证与其他软件的交流。使用输出功能时,会提示选择输出的图形对象,用户在选择所需要的图形对象后就可以输出了。输出后的图面与输出时 AutoCAD 2012 中绘图区域里显示的图形效果是相同的。需要注意的是,在输出的过程中,有些图形类型发生的改变比较大,CAD 不能够把类型改变大的图形重新转化为可编辑的 CAD 图形格式,如果将 bmp 文件读入后,仅作为光栅图像使用,不可以进行图形修改操作。

4.6.3 打印和打印参数设置

用户在完成某个图形绘制后,为了便于观察和实际施工制作,可将其打印输出到图纸上。在打印时,首先要设置打印的一些参数,如选择打印设备、设定打印样式、指定打印区域等,这些都可以通过打印命令调出的对话框来实现,如图 4-50 所示。

图 4-50 "打印"对话框

【命令格式】

命令行:Plot。

菜单:执行"文件"→"打印(P)"命令。

工具栏:单击"标准"→"打印" 。

设定相关参数,打印当前图形文件。

1. 打印机/绘图仪

"打印机/绘图仪"设置如图 4-51 所示,可以选择用户输出图形所要使用的打印设备、纸张大小、打印份数等设置。

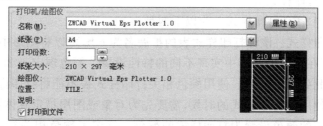

图 4-51 打印机/绘图仪设置

若用户要修改当前打印机配置,可单击名称后的"属性"按钮,打开图 4-52,在对话框中可设定打印机的输出设置,如打印介质、图形、自定义图纸尺寸等。对话框中包含 3 个选项卡,其含义分别如下。

基本:在该选项卡中查看或修改打印设备信息,包含了当前配置的驱动器的信息。

端口:在该选项卡中显示适用于当前配置的打印设备的端口。

设备和文档设置:在该选项卡中设定打印介质、图形设置等参数。

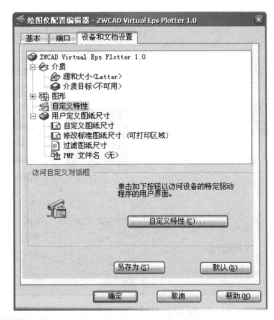

图 4-52　绘图仪配置编辑器

2. 打印样式表

打印样式表用于修改图形打印的外观。图形中每个对象或图层都具有打印样式属性,通过修改打印样式可改变对象输出的颜色、线型、线宽等特性。如图 4-53 所示,在"打印样式表"对话框中可以指定图形输出时所采用的打印样式,在下拉列表框中有多个打印样式可供用户选择,用户也可单击"修改"按钮对已有的打印样式进行改动,如图 4-54 所示,或用"新建"按钮设置新的打印样式。

图 4-53　"打印样式表"对话框

AutoCAD 2012 中,打印样式分为以下两种。

颜色相关打印样式:该种打印样式表的扩展名为 ctb,可以将图形中的每个颜色指定打印的样式,从而在打印的图形中实现不同的特性设置。颜色现定于 255 种索引色,真彩色和配色系统在此处不可使用。使用颜色相关打印样式表不能将打印样式指定给单独的对象或者图层。使用该打印样式的时候,需要先为对象或图层指定具体的颜色,然后在打印样式表中将指定的颜色设置为打印样式的颜色。指定了颜色相关打印样式表之后,可

图 4-54   编辑打印样式表

以将样式表中的设置应用到图形中的对象或图层。如果给某个对象指定了打印样式,则这种样式将取代对象所在图层所指定的打印样式。

命名相关打印样式:根据在打印样式定义中指定的特性设置来打印图形,命名打印样式可以指定给对象,与对象的颜色无关。命名打印样式的扩展命为 stb。

3. 打印区域

如图 4-55,"打印区域"栏可设定图形输出时的打印区域,该栏中各选项含义如下。

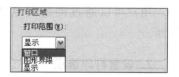

图 4-55   打印区域设置

窗口:临时关闭"打印"对话框,在当前窗口选择一矩形区域,然后返回对话框,打印选取的矩形区域内的内容。此方法是选择打印区域最常用的方法,由于选择区域后一般情况下希望布满整张图纸,所以打印比例会选择"布满图纸"选项,以达到最佳效果。但这样打出来的图纸比例很难确定,常用于比例要求不高的情况。

图形界限:打印包含所有对象的图形的当前空间。该图形中的所有对象都将被打印。

显示:打印当前视图中的内容。

4. 设置打印比例

"打印比例"栏中可设定图形输出时的打印比例。在"比例"下拉列表框中可选择用户出图的比例(见图 4-56),如 1∶1,同时可以用"自定义"选项,在下面的框中输入比例换算方式来达到控制比例的目的。"布满图纸"则是根据打印图形范围的大小,自动布满整张图纸。"缩放线宽"选项是在布局中打印的时候使用的,勾选上后,图纸所设定的线宽会按照打印比例进行放大或缩小,而未勾选则不管打印比例是多少,打印出来的线宽就是设置的线宽尺寸。

5. 调整图形打印方向

在"图形方向"栏(见图 4-57)中可指定图形输出的方向。因为图纸制作会根据实际的绘图情况来选择图纸是纵向还是横向,所以在图纸打印的时候一定要注意设置图形方向,否则图纸打印可能会出现部分超出纸张的图形无法打印出来。该栏中各选项的含义如下。

图 4-56　设置打印比例

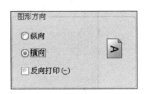

图 4-57　图形打印方向设置

纵向:图形以水平方向放置在图纸上。

横向:图形以垂直方向放置在图纸上。

反向打印:指定图形在图纸上倒置打印,即将图形旋转 180°打印。

6. 指定偏移位置

指定图形打印在图纸上的位置。可通过分别设置 X(水平)偏移和 Y(垂直)偏移来精确控制图形的位置,也可通过设置"居中打印",使图形打印在图纸中间。

打印偏移量是通过将标题栏的左下角与图纸的左下角重新对齐来补偿图纸的页边距。用户可以通过测量图纸边缘与打印信息之间的距离来确定打印偏移,如图 4-58所示。

7. 设置打印选项

打印过程中,还可以设置一些打印选项(见图 4-59),在需要的情况下可以使用。各个选项表示的内容如下。

图 4-58　打印偏移设置

图 4-59　设置打印选项

打印对象线宽:将打印指定给对象和图层的线宽。

按样式打印：以指定的打印样式来打印图形。指定此选项将自动打印线宽。如果不选择此选项，将按指定给对象的特性打印对象而不是按打印样式打印。

消隐打印：选择此项后，打印对象时消除隐藏线，不考虑其在屏幕上的显示方式。

将修改保存到布局：将在"打印"对话框中所做的修改保存到布局中。

打开打印戳记：使用打印戳记的功能。

8. 预览打印效果

在图形打印之前使用预览框可以提前看到图形打印后的效果，如图 4-60 所示。这将有助于对打印的图形及时修改。如果设置了打印样式表，预览图将显示在指定的打印样式设置下的图形效果。

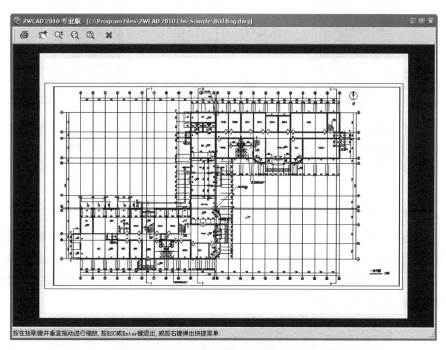

图 4-60　打印预览

在预览效果的界面下，可以右击，在弹出的快捷菜单中有打印选项，单击即可直接在打印机上出图了。也可以退出预览界面，在"打印"对话框上单击"确定"按钮出图。

用户在进行打印的时候要经过上面一系列的设置后，才可以正确地在打印机上输出需要的图纸。当然，这些设置是可以保存的，"打印"对话框最上面有"页面设置"选项，用户可以新建页面设置的名称，来保存所有的打印设置。另外，AutoCAD 还提供从图纸空间出图，图纸空间会记录下设置的打印参数，从这个地方打印是最方便的选择。

4.6.4　从图纸空间出图

AutoCAD 2012 的绘图空间分为模型空间和图纸空间两种，前面介绍的打印是在模型空间中的打印设置,而在模型空间中的打印只有在打印预览的时候才能看到打印的实际状态,而且模型空间对于打印比例的控制不是很方便。从图纸空间打印可以更直观地看到最后的打印状态,图纸布局和比例控制更加方便。

如图 4-61 所示是一个图纸空间的运用效果,与模型空间最大的区别是图纸空间的背景是所要打印的白纸的范围,与最终的实际纸张的大小是一样的,图纸安排在这张纸的可打印范围内,这样在打印的时候就不需要再进行打印参数的设置就可以直接出图了。

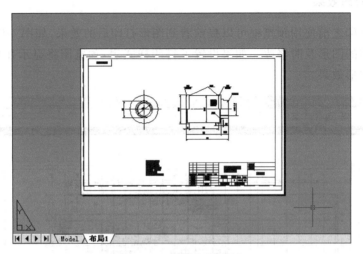

图 4-61　图纸空间示例

下面将通过一个例子讲述从图纸空间出图的实际操作方法。

(1) 在模型空间绘制好需要的图形后,单击状态栏上的 **布局1** 按钮,进入图纸空间界面。在界面中有一张打印用的白纸示意图,纸张的大小和范围已经确定,纸张边缘有一圈虚线表示的是可打印的范围,图形在虚线内是可以在打印机上打印出来的,超出的部分则不会被打印,如图 4-62 所示。

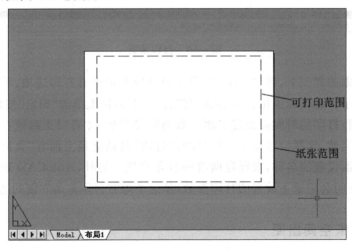

图 4-62　进入图纸空间

（2）执行"文件"→"页面设置"命令，进入"页面设置管理器"对话框，如图 4-63 所示。单击"修改"按钮，进入"打印设置"对话框。这个对话框和模型空间里用打印命令调出的对话框非常相近，在这个对话框中设置好打印机名称、纸张、打印样式等内容后，就可以单击"确定"按钮保存设置了。注意把比例设置为 1∶1，这样打出图形的比例会很好控制。

图 4-63 "页面设置管理器"命令

（3）执行"视图"→"视口"→"一个视口"命令，在图纸空间中点取两点确定矩形视口的大小范围，模型空间中的图形就会在这个视口当中反映出来。这时图形和白纸的比例还不协调，需要调整，如图 4-64 所示。

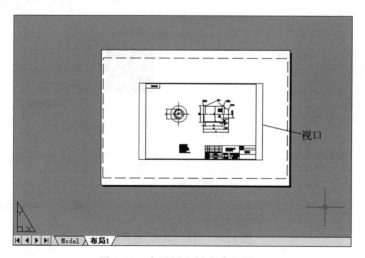

图 4-64 在图纸空间中建立视口

（4）对视口进行必要的调整。首先选择视口后，在视口的属性栏里的"标准比例"一项调整到需要的比例，例如，要放大一倍打印，则要调整到 2∶1。本例中需要 1∶1 打印，所以标准比例为 1∶1。这里还提供自定义比例，用户可以自己设定需要的比例。比例定好后，调整视口的各个夹点位置，使得视口可以包括需要打印的图形。最后用 Move 命令移动视口，将需要打印的图形移动到图纸虚线的内部。这样图纸空间的设置就完成了，如图 4-65 所示。

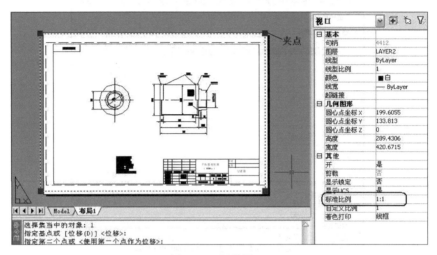

图 4-65　调整视口

（5）运行打印命令，"打印设置"对话框中（见图 4-66）的设置会自动与页面设置的情况一样，预览打印效果，如果没问题直接单击"确定"按钮就可以出图了。

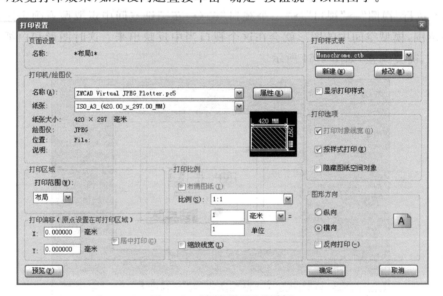

图 4-66　"打印设置"对话框

一张图纸可以设置多个图纸空间，在状态栏的 \Model\ 按钮上右击，有新建的选项。这样如果模型空间里绘制了多幅图纸，可以设置多个图纸空间来对应不同需求的打印。

图纸空间设定好后,会随图形文件保存而一起保存,再次打印时无须再次设置。

模型空间绘图时,可以用 1∶1 比例绘制出图形,在图纸空间设定各打印参数和比例大小,可以把图框和标注都在图纸空间里制作,这样图框的大小不需要放大或缩小,标注的相关设定,如文字高度,也不需要特别的设定,这样打印出来的图会非常准确。

小　结

　　本章首先介绍了线型、线宽、颜色、图层等概念以及它们的使用方法。AutoCAD 2012 专门提供了用于图层管理的"图层"工具栏和用于颜色、线型、线宽管理"对象特性"工具栏,利用这两个工具栏可以方便地进行图层、颜色、线型等的设置和相关操作;然后,介绍了块与属性功能以及各种二维编辑操作,如删除、移动、复制、旋转、缩放、偏移、镜像、阵列、拉伸、修剪、延伸、打断、创建倒角和圆角等,还介绍了正交功能和栅格显示、栅格捕捉功能,这些功能也可以提高绘图的效率与准确性。最后,介绍了图形的输出功能、打印功能。打印功能将设计好的电子文档转换为施工或制作的图纸,是制图过程中的最后一步操作,因此非常重要。

思考与习题

1. 填空题

(1) 在 AutoCAD 2012 中,可用_____和_____命令以对话框的形式来定义块。

(2) 如果某个图块是在_____图层上定义的,当它被插入到图形文件时,图块保留原有的图层特性,也就是具有原有图层的颜色和线型,而不随当前图层的特性变化而变化。

(3) 用户可以利用图块插入功能绘制多个图块的图形,然后再将其定义为一个图块,这样该图块成为一个_____图块。

(4) 快速、精确绘图工具有_____、_____、_____、_____、_____和_____ 6 个。

(5) 在"镜像"复制时,通常用系统变量_____控制文本的可读性,当_____时,文本按可读方式镜像,当_____时,文本按不可读方式镜像。

(6) 一个完整的尺寸标注一般由尺寸文字、_____、_____、尺寸起止符号 4 个部分组成。

(7) 若要通过命令行控制线条宽度,可在命令行中执行_____命令。

(8) 在 AutoCAD 中对图形进行倒角,主要有_____和_____两种类型。

(9) 使用_____命令标注对象后,尺寸是与标注对象相平行的。

2. 选择题

(1) 当前图层(   )被关闭,(   )被冻结。

    A. 不能,可以   B. 不能,不能   C. 可以,可以   D. 可以,不能

(2) 在 AutoCAD 2012 中允许用户将已经定义的图块插入到当前的图形文件中。在插入图块(或文件)时,用户必须确定四组特征参数,即要插入的图块名、插入点位置、插入比例系数和(   )。

    A. 插入图块的旋转角度   B. 插入图块的坐标

    C. 插入图块的大小

(3) 应用 Chamfer(倒角)命令进行倒角操作时,下面(   )图形不能被倒角。

    A. 多段线   B. 样条曲线   C. 文字   D. 三维实体

(4) 应用 Stretch(拉伸)命令拉伸图形时,下面(   )操作是不可行的。

    A. 把圆拉伸为椭圆   B. 把正方形拉伸成长方形

    C. 移动图形的特殊点   D. 整体移动图形

(5) 下面不能应用 Trim(修剪)命令进行修剪的对象是(   )。

    A. 圆弧   B. 圆   C. 直线   D. 文字

(6) 以下说法错误的是(   )。

    A. 可以用"绘图"→"圆环"命令绘制填充的实心圆

    B. 打断一条"构造线"将得到两条射线

    C. 不能用"绘图"→"椭圆"命令画圆

    D. 使用"绘图"→"正多边形"命令将得到一条多段线

(7) 下面可以将所选对象用给定的距离放置点或图块的命令是(   )。

    A. SPLIT   B. DIVIDE   C. MEASURE   D. POINT

(8) 如果要标注倾斜直线的长度,应该选用的命令是(   )。

    A. DIMLINEAR   B. DIMALIGNED

    C. DIMORDINATE   D. QDIM

(9) 由半径尺寸标注的标注文字,其默认前缀是(   )。

    A. D   B. R   C. Rad   D. Radius

(10) 按比例改变图形实际大小的命令是(   )。

    A. OFFSET   B. ZOOM、420×297

    C. SCALE   D. STRETCH

(11) 改变图形实际位置的命令是(   )。

    A. MOVE   B. PAN

    C. ZOOM、420×297   D. OFFSET

(12) 关于移动(Move)和平移(Pan)命令的说法,正确的是(   )。

    A. 都是移动命令,效果一样

    B. 移动(Move)速度快,平移(Pan)速度慢

  C. 移动(Move)的对象是视图,平移(Pan)的对象是物体

  D. 移动(Move)的对象是物体,平移(Pan)的对象是视图

(13) 当图形中只有一个视口时,"重生成"的功能与(　　)相同。

  A. 重画   B. 窗口缩放   C. 全部重生成 D. 实时平移

(14) 对于图形界限非常大的复杂图形,(　　)工具能快速简便地定位图形中的任一部分以便观察。

  A. 移动   B. 缩小   C. 放大   D. 鸟瞰视图

(15) 绘图辅助工具栏中部分模式(如"极轴追踪"模式)的设置在(　　)对话框中进行自定义。

  A. 草图设置 B. 图层管理器 C. 选项   D. 自定义

(16) 可以用(　　)命令把 AutoCAD 的图形转换成图像格式(如 BMP、EPS、WMF、PostScript)。

  A. 保存   B. 发送   C. 另存为   D. 输出

(17) 设置"夹点"大小及颜色是在"选项"对话框中的(　　)选项卡中。

  A. 系统   B. 显示   C. 打开和保存 D. 选择

(18) 要快速显示整个图形范围内的所有图形,可使用(　　)命令。

  A. "视图"→"缩放"→"窗口"   B. "视图"→"缩放"→"动态"

  C. "视图"→"缩放"→"范围"   D. "视图"→"缩放"→"全部"

(19) 在 AutoCAD 中,要将左右两个视口改为左上、左下、右 3 个视口可执行(　　)命令。

  A. "视图"→"视口"→"一个视口" B. "视图"→"视口"→"三个视口"

  C. "视图"→"视口"→"合并"   D. "视图"→"视口"→"两个视口"

(20) 快速标注的命令是(　　)。

  A. DIM   B. QLEADER C. QDIMLINE D. QDIM

(21) 模型空间是(　　)。

  A. 主要为设计建模用,但也可以打印

  B. 为了建立模型设定的,不能打印

  C. 和图纸空间设置一样

  D. 和布局设置一样

(22) 关于布局空间(Layout)的设置,下列说法中正确的是(　　)。

  A. 必须设置为一个模型空间,一个布局

  B. 一个模型空间可以多个布局

  C. 一个布局可以多个模型空间

  D. 一个文件中可以有多个模型空间和多个布局

(23) 关于 Zoom(缩放)和 Pan(平移)的几种说法,正确的是(　　)。

  A. Zoom 改变实体在屏幕上的显示大小,也改变实体的实际尺寸

  B. Zoom 改变实体在屏幕上的显示大小,但不改变实体实际的尺寸

  C. Pan 改变实体在屏幕上的显示位置,也改变实体的实际位置

D. Pan 改变实体在屏幕上的显示位置,起坐标值随之改变

(24) 控制是否显示图像边界的命令是(   )。

  A. Imageadjust B. Imageclip   C. Image   D. Imageframe

(25) 可以将光栅图像的边界剪裁成(   )。

  A. 圆   B. 椭圆

  C. 多边形   D. 样条线构成的封闭形状

3. 简答题

(1) 如何改变图层的属性?如何设置当前图层?

(2) AutoCAD 2012 提供了哪些辅助绘图工具?

(3) 简述标注样式的创建步骤,并根据通信工程制图的具体要求设置各项参数。

(4) COPY、MOVE、OFFSET 三个命令有什么异同点?

(5) 如何创建和管理多视口?

4. 绘图题

(1) 按照图 4-67 画出所示图形。

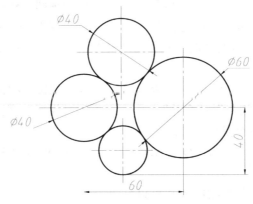

图 4-67 题图

(2) 完成足球场的绘制(见图 4-68)。

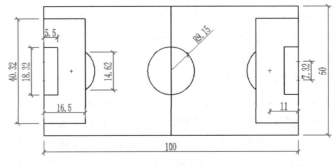

图 4-68 足球场

技 能 训 练

》》》》训练一：绘制下面图形（见图 4-69）

【训练目的】

掌握旋转、阵列等修改命令的操作方法。

【训练步骤】

第一步：画长度为 80 的直线（见图 4-70）。
第二步：画 Φ68 圆（见图 4-71）。
第三步：16 等分圆周（见图 4-72）。

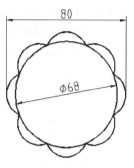

图 4-69 图形

图 4-70 画直线

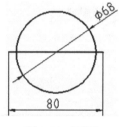

图 4-71 画圆

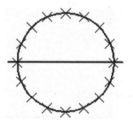

图 4-72 等分圆周

第四步：画圆弧 ABC（见图 4-73）。
第五步：环形阵列圆弧（见图 4-74）。

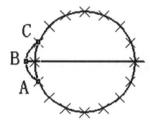

图 4-73 画圆弧

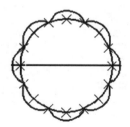

图 4-74 环形阵列圆弧

》》》》训练二：在布局空间打印 A3 和 A2 图纸

【训练目的】

能够利用 AutoCAD 的布局向导功能创建图形布局，并打印出图。

【实施步骤】

在模型空间中为了便于画图,通常采用 1∶1 的比例来绘制图形。出图时,根据不同打印需求,例如,要对同一组图形同时打印 A3 和 A2 的图纸,这就要借助于布局空间进行打印输出了。

在打印前需要做好前期准备工作,把 A3 和 A2 的图框作为块文件存盘(WBLOCK 命令),此步骤略。

(1) 打开 AutoCAD 图形文件。

(2) 利用布局向导新建布局 A3。

各种对话框如图 4-75～图 4-82 所示。

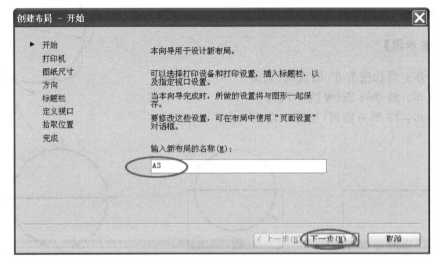

图 4-75　"创建布局-开始"对话框

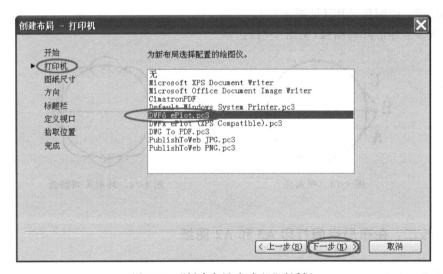

图 4-76　"创建布局-打印机"对话框

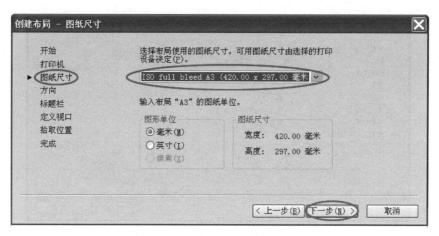

图 4-77　"创建布局-图纸尺寸"对话框

图 4-78　"创建布局-方向"对话框

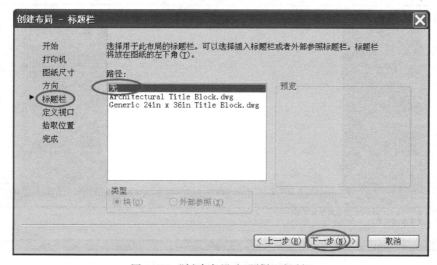

图 4-79　"创建布局-标题栏"对话框

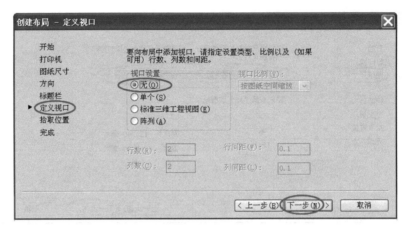

图 4-80 "创建布局-定义视口"对话框

图 4-81 "创建布局-完成"对话框

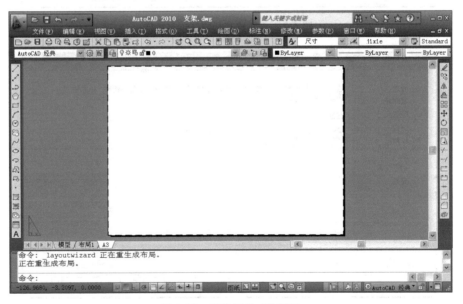

图 4-82 创建好的 A3 布局

（3）插入 A3 图框。

执行"插入"→"块"命令，浏览到已创建好的"A3 图框块.dwg"文件（见图 4-83），插入点设置为"0,0"，将 A3 图框块插入到新建的 A3 布局上。

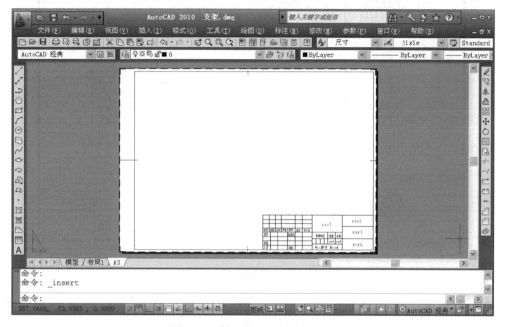

图 4-83　插入"A3 图框块.dwg"

（4）新建"视口"图层并置为当前层。

（5）调出"视口"工具栏。

（6）创建单个视口。

单击"视口"工具栏上的"多边形视口"按钮，左键分别选择图 4-84 中的 A、B、C、D、E、F 六点，创建多边形视口区域。

（7）确定视口的精确打印比例。

在视口边界内部双击，进入模型空间，把视图调整到合适的位置。选择视口边界，边界显示为虚线，在"视口"工具栏中选择精确合适的比例，如 2∶1。

（8）关闭并锁住"视口"图层。

为了在打印布局时不显示视口的边界线，须把"视口"层关闭并锁住。也可以将"视口"图层设置为"不打印"状态。

（9）编辑、补充标题栏内的文字。

在标题栏文字处双击，即可编辑插入的 A3 图框块，将图样名称、零件材料、设计单位、图号等文字内容修改正确。对于标题栏内还需要补充的文字内容，应调用"多行文字"或"单行文字"命令填写完整。

（10）重复以上步骤建立 A2 的布局，比例为 4∶1。

（11）打印图形。

选择其中一个布局，如 A3 布局，执行"文件"→"打印"命令，系统弹出如图 4-85 所示

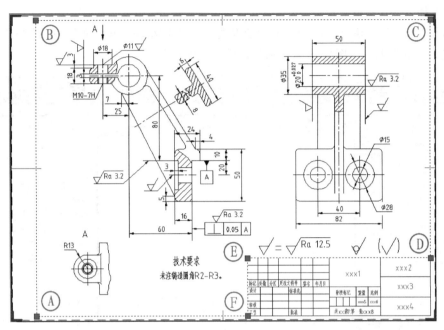

图 4-84　创建多边形视口

的对话框(如需打印 A2 布局,只需在"页面设置"框中选择 A2),单击"确定"按钮即可打印对应的布局。

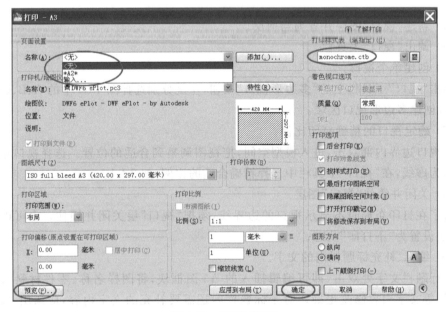

图 4-85　"布局"打印

单元五　通信工程勘测制图与图纸识读

【学习目标】

(1) 熟悉通信工程勘测的主要内容及总体流程。

(2) 掌握通信线路勘测的基本要求、流程及路由选择原则,能进行路由方案设计,并能够绘制方案图纸。

(3) 掌握通信机房勘测的基本要求、流程和工艺布局要求,能进行通信机房布局方案设计,并能够绘制方案图纸。

(4) 掌握有线通信线路工程施工图设计的主要内容及应达到的深度要求。

(5) 掌握通信设备安装工程施工图设计的主要内容及应达到的深度要求。

(6) 能读懂各类工程的通信工程施工图纸,并能够进行绘制。

【知识导读】

勘测是工程设计工作的重要环节,勘测测量所获取的信息是工程设计的基础。通过现场实地勘测,获取工程设计所需要的各种业务、技术和经济方面的有关资料,并在全面调查研究的基础上,结合初步拟定的工程设计方案,会同有关专业和单位,认真进行分析、研究、讨论,为制定具体的设计方案提供依据。实地勘测后,若发现与设计任务书有较大出入时,应上报给下达任务书的单位重新审定,并在设计中加以论证说明。本章主要介绍通信工程勘测的主要内容和总体流程、通信线路工程勘测及路由方案设计、通信机房勘测及布局方案设计等内容,最后给出了典型工程项目的图纸范例。

5.1　通信工程勘测基础

5.1.1　勘测的主要内容

1. 相关资料的收集

向工程沿线相关部门收集资料。这些资料的来源主要包括如下几个方面。

(1) 从电信部门调查收集。

① 现有长途干线(包括电缆、光缆系统的组成、规模、容量),线路路由,长途业务量,设施发展概况以及发展可能性。

② 市区相关市话管道分布、管孔占用及是否可以利用等情况。

③ 沿线主要相关电信部门对工程的要求和建议。

④ 现有的通信维护组织系统、分布情况。

(2) 从水电部门调查收集。

① 农业水利建设和发展规划,光缆线路路由上新挖河道、新修水库工程计划。

② 水底光缆过河地段的拦河坝、水闸、护堤、水下设施的现状和规划；重要地段河流的平、断面及河床土质状况，河堤加宽、加高的规划等。

③ 主要河流的洪水流量、洪流出现规律、水位及其对河床断面的影响。

④ 电力高压线路现状，包括地下电力电缆的位置、发展规划，路由与光缆线路路由平行段的长度、间距及交越等相互位置。

⑤ 沿路由走向的高压线路的电压等级、电缆护层的屏蔽系数、工作电流、短路电流等。

（3）从铁道部门调查收集。

① 光缆线路路由附近的现有及规划铁路线的状况、电气化铁道的位置以及平行、交越的相互位置等。

② 电气化铁道对通信线路防护的设施情况。

（4）从气象部门调查收集。

① 路由沿途地区室外（包括地下 1.5m 深度处）的温度资料。

② 近十年雷电日数及雷击情况。

③ 沟河水流结冰、市区水流结冰以及野外土壤冻土层厚度、持续时间及封冻、解冻时间。

④ 雨季时间及雨量等。

（5）从农村、地质部门调查收集。

① 路由沿途土壤分布情况，土壤翻浆、冻裂情况。

② 地下水位高低、水质情况。

③ 山区岩石分布、石质类型。

④ 沿线附近地下矿藏及开采地段的地下资料。

⑤ 农作物、果树园林及经济作物情况、损物赔偿标准。

（6）从石油化工部门调查收集。

① 油田、气田的分布及开采情况。

② 输油、输气管道的路径、内压、防蚀措施以及管道与光缆线路路由间距、交越等相互位置。

（7）从公路及航运部门调查收集。

① 与线路路由有关的现有及规划公路的分布；与公路交越等相互位置和对光缆沿路肩敷设、穿越公路的要求及赔偿标准。

② 现有公路的改道、升级和大型桥梁、隧道、涵洞建设整修计划。

③ 光缆穿越的通航河流的船只种类、吨位、抛锚地段，航道疏浚及码头扩建、新建等情况。

④ 光缆线路禁止抛锚地段、禁锚标志设置及信号灯光要求。

⑤ 临时租用船只应办理的手续及租用费用标准。

（8）从城市规划及城建部门调查收集。

① 城市现有及规划的街道分布，地下隐蔽工程、地下设施、管线分布；城建部门对市区光缆的要求。

② 城区、郊区光缆线路路由附近影响光缆安全的工程、建筑设施。

③ 城市街道建筑红线的规划位置,道路横断面、地下管线的位置,指定敷设光缆的平、断面位置及相关图纸。

(9) 从其他单位调查收集的资料。

2. 路由及站址的查勘

(1) 通信线路路由的查勘。根据查勘调查的情况,整理已收集的资料,到现场核对确定传输线路与沿线村庄、公路、铁路、河流等主要地形、地物的相对位置;确定传输线路经过市区的街道、占用管道情况以及特殊地段电/光缆的位置。调查现场地形、地物、建筑设施现状,如果拟定的线路路由与现场情况有异,应修改传输线路路由,选取最佳路由方案。同时还要确定特殊地段电/光缆线路路由的位置,拟定传输线路防雷、防机械损伤、防白蚁的地段及措施。

(2) 站址的查勘。拟定终端站、转接站、有人中继站的具体位置、机房内平面布置及进局(站)电/光缆的路由;拟定无人中继站的位置、建筑方式、防护措施、电/光缆进站方位等。要求对站址选定、站内平面布置、进局电/光缆线路走向等内容,与当地局专业人员共同研讨决定。

(3) 拟定线路传输系统配置及电/光缆线路的防护。要求拟定机房建筑的具体位置、结构、面积和工艺要求;拟定监控及远供方案设施;拟定电/光缆线路防雷、防白蚁、防机械损伤的地段和防护措施。

(4) 测量各站及沿线安装地线处的电阻率,了解农忙季节和台风、雨季、冻冰季节等,拟定传输线路的维护方式,划分传输线路和无人中继站的维护区域。

(5) 对外沟通。要求对于传输线路穿越公路、铁道、重要河道、水闸、大堤及其他障碍物以及传输线路进入市区,包括必越单位、民房等,应协同建设单位,与以上地段的主管部门进行协商,需要时发函备案。

5.1.2 查勘的资料整理

现场查勘结束后,应按下列要求进行资料整理,必要时写出查勘报告。

(1) 将查勘确定的传输线路路由、终端站、转接站、中继站、无人中继站的位置,标绘在1:50 000的地形图上。

(2) 将传输线路路由总长度、局部修改路由方案长度,终端站、转接站、中继站、无人中继站之间的距离,到重要建筑设施、重大军事目标距离,以及传输线路路由的不同土质、不同地形、铁道、公路、河流和防雷、防白蚁、防机械损伤地段及不同方案等相关长度,标注在1:50 000地形图上。

(3) 将调查核实后的军事目标、矿区范围、水利设施、附近的电力线路、输气管线、输油管线、公路、铁道及其他重要建筑、地下隐蔽工程,标注在1:50 000的地形图上。

(4) 列出光缆线路路由、终端站、转换站、有人及无人中继站的不同方案比较资料。

(5) 统计不同敷设方式的不同结构电/光缆的长度、接头材料及配件数量。

（6）将查勘报告向建设单位交底，听取建设单位的意见，对重大方案及原则性问题，应呈报上级主管部门，审批后方可进行初步设计阶段的工作。

5.1.3 通信工程勘测的流程

（1）选定线路路由。选定传输线路与沿线的城镇、公路、铁路、河流、水库、桥梁等地形、地物的相对位置；选定线路进入城区所占用街道的位置；利用现有通信专用管道或需新建管道的位置；选定电/光缆在特殊地段通过的具体位置。

（2）选定终端站及中间站（转接站、中继站、光放大站）的站址。配合设备、电力、土建等相关专业的工程技术人员，根据设计任务书的要求，选定站址，并商定有关站内的平面布局和线缆的进线方式、走向。

（3）拟定有人段内各系统的配置方案。

（4）拟定无人站的具体位置、建筑结构和施工要求，确定中继设备的供电方式和业务联络方式。

（5）拟定线路路由上采用直埋、管道、架空、过桥、水底敷设时各段所使用电/光缆的规格和型号。

（6）拟定线路上需要防护的地段和防护措施。

（7）拟定维护方式和维护任务的划分，提出维护工具、仪表及交通工具的配置。

（8）协同建设单位与线路上特殊地段（如穿越的公路、铁路、重要河流、堤坝及进入城区等）的主管单位进行协商，确定穿越地点、保护措施等，必要时应向沿途有关单位发函备案，并从有关部门收集相关资料。

（9）初步设计现场勘测。参加现场勘测的人员按照分工进行现场勘测；核对在1：5000、1：10 000或1：50 000地形图上初步标定方案的位置；核实向有关单位、部门收集了解到的资料内容的可靠性、准确性，核实地形、地物、其他建筑设施等的实际情况，对初拟路由中地形不稳固或对其他建筑有影响的地段进行修正，通过现场勘测比较，选择最佳路由方案；会同维护人员在现场确定线路进入市区利用现有管道的长度，需新建管道的地段和管孔配置，计划安装制作接头的入孔位置；根据现场地形，研究确定利用桥梁附挂的方式和采用架空敷设的地段；确定线路穿越河流、铁路、公路的具体位置，并提出相应的施工方案和保护措施。

（10）整理图纸资料。通过现场勘测和对前期所收集资料的整理、加工，形成初步设计图纸；将线路路由两侧一定范围（200m）内的有关设施，如军事重地、矿区范围、水利设施、铁路、公路、输电线路、输油管线、输气管线、供排水管线、居民区等，以及其他重要的建筑设施（包括地下隐蔽工程），准确地标绘在地形图上；整理并提供的图纸有电/光缆线路路由图、路由方案比较图、系统配置图、管道系统图、主要河流敷设水底光缆线路平面图和断面图、光缆进入城市规划区路由图；整理绘制图纸时应使用专业符号；在图纸上计取路由总长度、各站间的距离、线路与重大军事目标和重要建筑设施的距离、各种规格的线缆长度；按相应条目统计主要工作量；编制工程概算及说明。

（11）总结汇报。勘测组全体人员对选定的路由、站址、系统配置、各项防护措施及维护措施等具体内容进行全面总结,并形成勘测报告,向建设单位报告;对于暂时不能解决的问题以及超出设计任务书范围的问题,形成专案报请主管部门审定。

5.2 通信线路勘测

5.2.1 勘测准备

线路查勘是线路工程设计的重要阶段,它直接影响设计的准确性、施工进展及工程质量,必须认真对待。查勘前的准备工作主要包括如下方面。

(1) 人员组织。由设计、建设、施工三方人员组成查勘小组。

(2) 熟悉和研究有关文件。查勘小组首先应听取并研究工程负责人对设计任务书中的工程概况和要求等方面的介绍。充分了解工程建设的意义和任务要求;明确工程任务和范围,如工程性质、规模大小、建设理由,近、远期规划,原有设备利用情况,是否新(扩)建局(站)及其地点、面积等。

(3) 收集资料。由于通信线路的建设布局面较广,涉及的部门较多,为了不互相影响,应选择合理的线路布局和路由,以保证通信的安全和便利,必须向有关单位和部门调查了解和收集有关其他建设方面的资料。

(4) 制订查勘计划。根据设计任务书的要求及所收集了解的资料,在1∶50 000的地形图上粗略选定电/光缆线路路由,并依此制订查勘计划。

(5) 准备查勘器材。常用的查勘器材有望远镜(×10)、测距仪、地理测量仪、罗盘仪、皮尺、绳尺、标杆、随带式图板及工具等。

5.2.2 通信线路路由的选择

1. 总体要求

(1) 长途光缆线路路由的选择,应以工程设计任务书和干线通信网规划为依据,遵循"路由稳定可靠、走向合理、便于施工维护及抢修"的原则,进行多方案技术、经济比较。

(2) 选择光缆线路路由时,尽量兼顾国家、军队、地方的利益,多勘测、多调查,综合考虑,尽可能使其投资少、见效快。

(3) 选择光缆线路路由,应以现有的地形、地物、建筑设施和既定的建设规划为主要依据,并考虑有关部门的长远发展规划,选择线路路由最短、弯曲较少的路由。

(4) 光缆线路路由应尽量远离干线铁路、机场、车站、码头等重要设施和相关的重大军事目标。

(5) 光缆线路路由在符合路由走向的前提下,可沿公路(包括高等级公路、等级公路、非等级公路)或乡村大道敷设,但应避开路旁的地上、地下设施和道路计划扩建地段,距公路的垂直距离不宜小于50m。

(6) 光缆线路路由应选择在地质稳固、地势平坦的地段,避开湖泊、沼泽、排涝蓄洪地带,尽可能少穿越水塘、沟渠。穿越山区时,应选择在地势起伏小、土石方工作量较少的地方,避开陡峭、沟壑、滑坡、泥石流以及冲刷严重的地方。

(7) 光缆线路穿越河流时,应选择在河床稳定、冲刷深度较浅的地方,并兼顾大的路由走向,不宜偏离太远,必要时可采用光缆飞线架设方式。对于特大河流,可选择在桥上架设。

(8) 光缆线路要尽量远离水库位置,通过水库时应设在水库的上游。当必须在水库的下游通过时,应考虑水库发生事故危及光缆安全时的保护措施。光缆不应在坝上或坝基上敷设。

(9) 光缆线路不宜穿过大的工业基地、矿区、城镇、开发区、村庄。当不能避开时,应采用修建管道等措施加以保护。

(10) 光缆线路路由不应通过森林、果园等经济林带。

(11) 光缆线路应尽量远离高压线,避开高压线杆塔及变电站和杆塔的接地装置,穿越时尽可能与高压线垂直,当受条件限制时,最小交越角不得小于 $45°$。

(12) 光缆线路尽量少与其他管线交越,必须交越时,应在管线下方 0.5m 以下加钢管保护。当敷设管线埋深大于 2m 时,光缆也可以从其上方适当位置通过,交越处应加钢管保护。

(13) 光缆线路不宜选择存在鼠害、腐蚀和雷击的地段,不能避开时应考虑采用保护措施。

(14) 光缆在接头处的预留长度应包括光缆接续长度、光纤在接头盒内的盘留长度以及光缆施工接续时所需要的长度等。光缆接头处每侧预留长度依据敷设方式不同而不同,一般来说,管道工程和架空工程为 6~10m,直埋式工程为 7~10m。

(15) 管道光缆每个入(手)孔中弯曲的预留长度为 0.5~1.0m;架空光缆可在杆路适当距离的电杆上预留长度。局内光缆可在进线室内预留长度不大于 20m 或按实际需要确定。

2. 管道光缆线路工程

(1) 管道光缆接头入孔的确定应便于施工维护。

(2) 管道光缆占用管孔位置的选择应符合下列规定。

① 选择光缆占用的管孔时,应优先选用靠近管孔群两侧的管孔。

② 同一光缆占用各段管道的管孔位置应保持不变。当管道空余管孔不具备上述条件时,应优先占用管孔群中同一侧的管孔。

③ 入(手)孔内的光缆应有醒目的识别标志。

(3) 在入孔中,光缆应采取有效的防损伤保护措施。

(4) 子管的敷设安装应符合下列规定。

① 子管宜采用半硬质塑料管材。

② 子管数量应按管孔直径大小及工程需要确定,但数根子管的等效外径应不大于管道孔内径的 90%。

③ 一个管孔内安装的数根子管应一次穿放且颜色不同。子管在两入(手)孔间的管

道段内不应有接头。

④ 子管在入(手)孔内伸出长度宜为 200～400mm。

⑤ 本期工程不用的子管,管口应堵塞。

⑥ 光缆接头盒在入(手)孔内宜安装在常年积水水位以上的位置,并采用保护托架或其他方法承托。

3. 直埋式光缆工程

(1) 直埋式光缆线路不宜敷设在地下水位高、常年积水的地方,也应避免敷设在今后可能建设房屋、车行道的地方以及常有挖掘可能的地方。

(2) 石质、半石质地段应在沟底和光缆上方各铺 100mm 厚的细土或沙土。

(3) 直埋式光缆穿越电车轨道或铁路轨道时,应设于水泥管或钢管等保护管内,保护管埋设要求可参照通信管道与通道工程设计规范。

(4) 直埋式光缆接头应安排在地势平坦和地质稳固的地方,应避开水塘、河渠、沟坎、快慢车道等施工和维护不便的地点,光缆接头盒可采用水泥盖板或其他适宜的防机械损伤的保护措施。

(5) 直埋式光缆线路通过村镇等动土可能性较大地段时,可采用大长度半硬塑料管保护,穿越地段不长时,可采用铺砖或水泥盖板保护,必要时可加铺塑料标志带。

(6) 直埋式光缆敷设在坡度＞20°、坡长＞30m 的斜坡地段,宜采用 S 形敷设。

(7) 光缆在桥上敷设时应考虑机械损伤和环境温度的影响,避免在桥上做接头,并采取相应的保护措施。

4. 架空式光缆工程

(1) 架空式光缆线路不宜选择在地质松软地区和以后可能引起线路搬迁的地方。

架空式光缆可用于轻、中负荷区地区。对于重负荷区、超重负荷区、气温低于−30℃、经常遭受台风袭击的地区不宜采用架空式光缆。

(2) 利用现有杆路架设光缆,应对电杆强度进行核算。新建杆路的电杆强度和杆高配置应适当兼顾加挂其他光缆或电缆的需要。

(3) 架空式光缆宜采用吊线架挂方式。光缆在吊挂上应采用电缆挂钩安装,也可采用螺旋线绑扎。

(4) 直埋式光缆局部架空时,可不改变光缆外护层结构。

(5) 架空式光缆接头盒视具体情况可安装在吊线上或电杆上,但应固定牢靠。

(6) 架空式光缆在交(跨)越其他缆线时,应采用纵剖半硬、硬塑料管或竹管等保护。

5. 水底光缆线路工程

(1) 水底光缆线路的过河位置。

水底光缆线路的过河位置,应选择在河道顺直、流速不大、河面较窄、土质稳固、河床平缓、两岸坡度较小的地方。不应在以下地点敷设水底光缆。

① 河道的转弯处。

② 两条河流的汇合处。

③ 水道经常变更的地段。

④ 沙洲附近。

⑤ 产生旋涡的地段。

⑥ 河岸陡峭、常遭激烈冲刷易塌方的地段。

⑦ 险工地段。

⑧ 冰凌堵塞危害的地段。

⑨ 有拓宽和疏浚计划的地段。

⑩ 有腐蚀性污水排泄的地段。

⑪ 附近有其他水底电缆、光缆、沉船、爆炸物、沉积物等区域,同时在码头、港口、渡口、桥梁、抛锚区、避风区和水上作业区的附近,不宜敷设水底光缆,若需敷设,要远离500m以外。

(2) 水底光缆的最小埋设深度。

① 枯水季节水深小于8m的区段,按下列情况分别确定。

　a. 河床不稳定或土质松软时,光缆埋入河底的深度不应小于1.5m。

　b. 河床稳定或土质坚硬时,不应小于1.2m。

② 枯水季节水深大于8m的区域,一般可将光缆直接放在河底不加掩埋。

③ 在冲刷严重和极不稳定的区段,应将光缆埋设在变化幅度以下,如遇特殊困难,在河底的埋设不应小于1.5m,并根据需要将光缆作适当预留。

④ 有疏浚计划的区段,应将光缆埋设在计划深度以下1.0m或在施工时暂按一般埋深,但需将光缆作适当预留,待疏浚时再下埋至要求深度。

⑤ 石质或风化石河床,埋深不应小于0.5m。

⑥ 水底光缆在岸滩比较稳定的地段,埋深不应小于1.5m。

⑦ 水底光缆在洪水季节会受到冲刷或土质松散不稳定的地段应适当增加埋深,光缆上岸的坡度不应大于30°。

5.3　通信机房勘测

5.3.1　分工界面

分工的目的是使系统各模块能相互无缝地接合。通信系统越来越庞大,分工也随之增多,分工的接口界面变得更加复杂。因此,设计人员应根据工程的实际情况做好责任分工,并依据通信系统建设原则、功能原则做好分工界面图。通信系统各专业之间需要通过联系才能实现配合功能,因此各专业之间应有相应的衔接链路。系统的迅速膨胀,使得接口的数量大量增长。为了更好地操作和维护各系统,出现了系统间的接口设备,就是两个专业系统互通所要通过的设备。这种系统间的信息交互称为界面交换。交换、无线以及数据设备均是面向用户的网络设备,称为应用系统设备,对应的系统称为应用系统;其他的系统称为支撑型的系统,如电源系统、传输系统、计费系统、网管系统和监控系统等。

下面以 TD-SCDMA 基站系统为例,给出其分工界面,如图 5-1 所示。

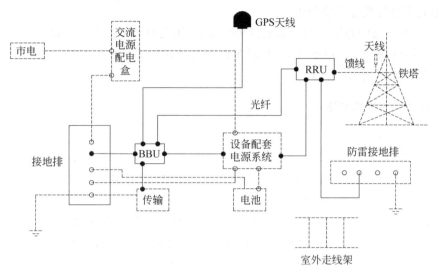

图 5-1　TD-SCDMA 基站系统分工界面

一般用虚线表示所涉及设备、材料等由建设方提供,而实线表示所涉及设备、材料等由厂商提供;用空心圆圈表示端子由建设方提供,而实心圆圈表示端子由厂商提供。

5.3.2　机房工艺和布局要求

1. 总体要求

机房分为原有机房和新建机房,勘测时需要对机房的工艺有一些认识,就外围而言,就是机房地址是否合适,应该选在什么地方;就内部而言,就是作为安装设备的基础条件是否具备,如果具备,则设备在后续安装中遇到问题就能够及时解决,判断什么样的机房适合于通信设备的安装,如不适合,从哪些方面去改进,什么级别的设备在哪种级别的机房内安装。站址选用原则应符合《电信专用房屋设计规范》要求,具体信息如下。

(1)局站址应有安全环境,不应选择在易燃易爆建筑物和堆积场附近。

(2)局站址应选择在平坦地段,应避开断层、土坡边缘、故河道、有可能塌方、滑坡和有开采价值的地下矿藏及古迹遗址的地方。

(3)局站址不应选在易受洪水淹灌的地区。如无法避开时,可选在基地高程高于要求的计算洪水水位 0.5m 以上的地方。

(4)局站址应有良好的卫生环境,不宜选择在生产过程中散发有毒害气体、毒害物质、粉尘的工矿企业附近。

(5)局站址应有安静的环境,不宜选择在城市广场、闹市地区、影剧院、汽车站、火车站等发生较大震动和较强噪声的施工企业附近,必要时还应采取隔音、消声措施,降低噪声干扰。

（6）局站址的占用面积要满足业务发展需要，不占用或少占用农田。

（7）高级长途中心局可与市话交换局、室内传输中心合建，但不得与邮政生产机房合建，原则上不与行政办公楼合建。

（8）低级长途中心局宜与市话汇接局合建，也可与高级长途中心合设。

（9）不应有圆形、三角形机房，但现在机房选址比较困难，一般都租用或直接购买机房，最大限度地利用机房面积。

2. 机房工艺总体要求

（1）机房空间。

机房内使用面积应能满足通信建设长远规划要求，能满足将来业务需求的设备安装要求。可根据现有装机容量及可预见的装机要求确定机房的建筑面积。

（2）机房地面、墙面、屋顶。

① 对地面的要求。地面应坚固耐久，防止不均匀下沉。表面光洁、不起灰、易于清洁。建议采用水磨石或深灰色地面。无论是平房地面还是楼层地面，考虑设备承重的荷载。

② 对墙面的要求。墙面应坚固耐久，防止起皮、脱落，平整防止积灰，易于清洁。墙的饰面色彩应选用明快、淡雅为宜。

③ 对房顶的要求。房顶应坚固耐久，防止起皮、脱落，平整防止积灰，能做吊挂，灯具安装应牢固。顶面和墙面颜色及喷涂材料应一致。房顶上面应做防水处理，应有隔热层。

（3）机房门窗。

① 各机房的大门应向外开，采用单扇门，门洞宽 1.0m，门扇高不小于 2.0m；大门采用防盗门，条件许可应加装门禁系统，以便统一管理和安全防范。

② 为了减少外部灰尘渗入机房内部，机房不设窗户。

（4）机房照明。

① 机房的主要光源应采用 40W 荧光灯，灯管的安装位置不能在走线架正上方，尽量采用吸顶安装，交换机房照度为 150lx。

② 照明电缆应与工作电缆（设备用电及空调用电）分开布放。

③ 各机房内均应安装（单相、三相）电源插座 1 个，插座应安装在设备附近的墙上，距地 0.3m。

（5）机房耐火等级。

① 每个机房内均应设烟感报警器和灭火装置（两套），耐火等级不低于二级。

② 在标准耐火试验条件下，建筑构件、配件或结构从受到火的作用时起，到失去稳定性、完整性或隔热性时止的这段时间，用小时表示。具体耐火等级如表 5-1 所示。

（6）机房温湿度。

① 电信机房及控制室应设置长年运转的恒温恒湿空调设备，并要求机房在任何情况下均不得出现结露状态。电信机房内按原邮电部所提的规范要求，其温湿度范围应有如下标准：温度为 15～28℃（设计标准为 24℃），湿度为 40%～65%（设计标准为 55%）。

表 5-1 耐火等级

名　称		耐火等级			
	构件	一级	二级	三级	四级
墙	防火墙	不燃烧体 3.00	不燃烧体 3.00	不燃烧体 3.00	不燃烧体 3.00
	承重墙	不燃烧体 3.00	不燃烧体 2.50	不燃烧体 2.00	不燃烧体 0.50
	楼梯间和电梯井的墙	不燃烧体 2.00	不燃烧体 2.00	不燃烧体 1.50	不燃烧体 0.50
	疏散走道两侧的隔墙	不燃烧体 1.00	不燃烧体 1.00	不燃烧体 0.50	不燃烧体 0.25
	非承重外墙	不燃烧体 0.75	不燃烧体 0.50	不燃烧体 0.50	不燃烧体 0.25
	房间隔离	不燃烧体 0.75	不燃烧体 0.50	不燃烧体 0.50	不燃烧体 0.25
柱		不燃烧体 3.00	不燃烧体 2.50	不燃烧体 2.00	不燃烧体 0.50
梁		不燃烧体 2.00	不燃烧体 1.50	不燃烧体 1.00	不燃烧体 0.50
楼板		不燃烧体 1.50	不燃烧体 1.00	不燃烧体 0.75	不燃烧体 0.50
屋顶承重构件		不燃烧体 1.50	不燃烧体 1.00	不燃烧体 0.50	燃烧体
疏散楼梯		不燃烧体 1.50	不燃烧体 1.00	不燃烧体 0.75	燃烧体
吊顶(包括吊顶格栅)		不燃烧体 0.25	不燃烧体 0.25	不燃烧体 0.15	燃烧体

② 机房温湿度主要依靠空调设备调节,所安装的空调应具备来电自启动功能及远程监控接口。空调电源线应从交流配电箱中引接,空调电源线不能在走线架上布放,应沿墙壁布放,并用 PVC 管保护。

(7) 走线方式。

① 机房采用上走线方式,机房内电源线和信号线在走线架上应分开布放。

② 电缆走线架宽度根据线缆规格、数量定制。

③ 线缆布放距离尽量短而整齐,排列有序,信号电缆与电力电缆应分别由不同路由敷设,如采用同一路由布放时,电缆之间的平行距离应保持 100mm 以上。电力电缆应加塑料管保护。

(8) 防雷与接地。

① 移动通信基站机房应有完善的防直击雷及抑制二次感应雷的防雷装置(避雷网、避雷带、接闪器等)。

② 机房顶部的各种金属设施,均应分别与屋顶避雷带就近连通。机房屋顶的彩灯应安装在避雷带下方。

③ 机房内走线架、吊挂铁件、机架或机壳、金属通风管道、金属门窗等均应做保护接地。保护接地引线一般宜采用截面积不小于 $35mm^2$ 的多股铜导线。

④ 机房地网应沿机房建筑物外设环形接地装置,同时还应利用机房建筑物基础横竖梁内两根以上主钢筋共同组成机房地网。当机房建筑物基础有地桩时,应将地桩内两根以上主钢筋与机房地网焊接连通。

⑤ 地网与机房地网之间应每隔 3~5m 相互焊接连通一次,连接点不应少于两点。

当通信铁塔位于机房屋顶时,铁塔四脚应与楼顶避雷带就近不少于两处焊接连通,同时宜在机房地网四角设置辐射式接地体,便于雷电流散流。

(9) 市电引入。

接入机房供电至少为三类市电,要求有一路可靠市电引入,市电引入方式采用直埋或架空电力电缆引入基站机房。交流电源质量要求如下。

① 供电电压:三相 380V,电压波动范围为 323~418V。

② 市电引入容量:计算后容量应为规划机房容量。

③ 交流引入线采用三相五线:保护接地线单独引入。交流零线严禁与保护接地线、工作地线相连。如果机房所在区域地处偏远,引入交流电压不稳,有较大的波动,可在市电引入机房后加装交流稳压器或采用专用变压器。

(10) 机房节能环保。

机房节能环保主要包括通信设备节能、配电系统节能、机房环境节能及机房建筑节能等。

3. 机房布局总体要求

设备布置的基本原则。

① 近、远期统一规划,统筹安排。设备布置应根据近、远期规划统一安排,做到近、远期结合,以近期为主。除标明本期设备外,还需标出扩容设备位置。

② 机房利用率最大化。设备布局应有利于提高机房面积和公用设备的利用率。

③ 布线规范。设备布置应使设备之间的布线路由合理整齐,尽可能地减少交叉和往返,使布线距离最短。

④ 便于操作与维护。设备布置应便于操作、维护、施工和扩容。操作维护量大的设备(如配线架)应尽量安装在距门口较近的地方。

⑤ 整齐性、美观性。设备布置应考虑整个机房的整齐和美观。面积较大(20m² 以上)机房应考虑留一条维护走道。

⑥ 设备摆放要考虑线缆的走向,相互配合,同类型的设备尽量放在一起。

⑦ 深度设计要求:遵循系统间的配合原则,如接口是否一致,包括接口的类型、数量是否匹配。

⑧ 运营商选择设备。遵循成熟性、经济性、可扩容性、简易维护操作性等原则。

⑨ 机房的类型及征地面积要求。新建机房的位置一般建在塔的旁边、塔下、楼顶上;TD 接入机房面积一般要求在 12~25m²,有长方形、近似正方形、塔内正方形 3 种类型。在楼顶和塔下建机房时,一般情况下采用铁皮机房。这种机房建设周期短,不需养护,建成后即可投入使用,一般在 3 天左右即可完成,但成本较高。注意:在塔下建房时,必须等到铁塔建完后,才能建设机房。建砖房时,周期较长,一般在 15 天左右,但成本相对铁皮机房低。

征地面积要求如下。

单管塔和塔边房,征地面积为 10m×6m=60m²。

角钢塔和塔边房,征地面积为 15m×10m=150m²。

单管塔和塔下房,征地面积为 $10\mathrm{m}\times10\mathrm{m}=100\mathrm{m}^2$。

5.3.3 机房勘测设计

1. 机房勘测

通信机房是通信网络的核心部分。机房内的通信设备、监控设备、强电和弱电供电系统的布局,以及防雷、接地、消防、空调、通风等各个子系统的规划,都是通信机房的设计和施工的重要组成部分。它的地址选择应根据通信网络规划和通信技术要求以及水文、地质、地震、交通等因素综合考虑。通信机房的设计和施工应符合原邮电部和信息产业部颁布的《通信机房建筑设计规范》《通信机房静电防护通则》《建筑物防雷设计规范》等规范性文件的要求。

(1)勘测准备。

在进行机房勘测之前应做好如下准备工作。

① 落实勘测具体的日期和相关联络人。

② 制订可行的勘测计划,包括勘测路线、日程安排及相关联系人。

③ 确认前期规划方案,包括机房位置、设备配置和天线类型等。

④ 了解本期工程设备的基本特性,包括设备供应商、基站、天馈系统、电源设备以及蓄电池等。

⑤ 对已有机房的勘测,应在勘测前打印出现有基站图纸,以便进行现场核实,节省勘测时间。

⑥ 配备必要的勘测工具,包括 GPS、皮尺、指北针、钢卷尺、数码相机、测距仪、测高仪以及笔记本电脑等。

(2)勘测草图绘制。

机房勘测草图内容及注意事项如下。

① 机房平面图(原有机房和新建机房)。

② 天馈线安装示意图。

③ 建筑立面图、天线安装位置、馈线路由图、铁塔位置、抱杆位置、记录天面勘测内容。

④ 应反映出防雷接地情况。

⑤ 勘测时,尽量把所有相关的情况信息记录下来,如记录不够详细,拍照存档。

(3)勘测步骤及注意事项。

① 机房勘测。

a. 记录所选站址建筑物的地址信息、所属信息等。

b. 记录机房的基本信息,包括建筑物总楼层、机房所在楼层,结合室外平面草图画出建筑内机房所在位置的侧视图,画出机房平面图草图。

c. 机房内设备勘测,确定走线架、馈线窗位置。

d. 了解市电引入情况或机房内交直流供电情况,做详细记录,拍照存档。

e. 了解传输情况,如传输方式、容量、路由、DDF 端子使用情况等。

f. 确定机房防雷接地情况。

g. 必要时对机房局部的特别情况拍照。

② 天馈勘测。

a. 基站经纬度、天线安装位置、方位角和下倾角、馈线走线路由、室外防雷情况。

b. 绘制天馈安装草图。

c. 拍摄基站所在地全貌。

d. 绘制室外草图,包括塔桅与机房位置,馈线路由、主要障碍物、共址塔桅的相对位置等。

e. 尽可能真实地记录基站周围环境及铁塔、机房位置、主要障碍物,以备日后分析研究所需。

③ 机房电力系统。

主设备的电源供给直接关系工程实施的顺利进行,在机房勘测过程中要注意以下事项。

a. 确认公用交流电的入口。

b. 确定交流配电箱的位置和容量。确认是否有已存在的交流配电箱及其具体方位,如有可用的配电箱,确认其容量大小。

c. 确认是否需要直流开关电源及具体的方位。这对计算电源电缆的长度是必需的。

d. 确认电源电缆的走线路径,以及是否需要室内电缆走线架。

e. 在安装前需获取公用交流电。

f. 室内走线架的安装位置观察或预估,测量室内走线架的长度、高度、宽度,与主设备的方位关系,距离主设备的高度落差,从墙壁电源到走线架的高度等。

g. 根据得到的测量数据计算电源电缆的长度。

h. 按要求的规格购买电源电缆并进行切割以备工程使用。

④ 机房接地系统。

把电路中的某一点或某一金属壳体用导线与大地连在一起,形成电气通路。目的是让电流易于流到大地,因此电阻是越小越好。接地系统的作用包括:保护设备和人身的安全;保证设备系统稳定的运行。具体来说:机房系统接地包括直流工作地、交流工作地、安全保护地以及防雷保护地。交流工作地接地阻值不大于 4Ω;安全保护地接地阻值不大于 4Ω;防雷保护地接地阻值不大于 10Ω;直流工作地电阻的大小、接法以及诸地之间的关系,应依据不同系统而定,一般要求阻值不大于 4Ω。各工作地的实现措施如下。

a. 实现交流工作地措施。主设备用绝缘导线串联起来接到配电柜的中性线上,然后用接地母线接地,实现交流接地。其他交流设备应各自独立地按电气规范的规定接地。

b. 实现安全保护地措施。机房内的设备,将所有机柜的外壳,用绝缘导线串联起来,再用接地母线与大地相连。辅助设备,如空调、电动机、变压器等机壳的安全保护地,应按相关的电气规范接地。

c. 实现直流工作地措施。直流工作地指的是逻辑地,为了设备的正常工作,机器的所有电子线路必须工作在一个稳定的基础电位上,就是零电位参考点。

d. 直流接地就是把电子系统中数字电路的等电位点与大地连起来,主要防止静电或感应电以及高频干扰所带来的影响。

e. 串联接地(多点接地)。将计算机系统中各个设备的直流地以串联的方式接在作为直流地线的铜板上。应注意连接导线应与机壳绝缘。然后将直流地线的铜板通过接地母线接在接地地桩上,成为直流接大地。

f. 并联接地(单点接地)。将机房内的机柜分别引到一块铜板地线上,铜板下要求垫绝缘材料,保证机房内的直流地对大地有良好的绝缘,主要用在要求较高的机房。

g. 网格接地。把一定截面积的铜带(厚 1~1.5mm、宽 25~35mm),在地板下交叉排成 600×600 的方格,其交叉点与活动地板支撑架的位置交错排列。交叉点焊接或是压接(注意绝缘、地面卫生等)工艺复杂,一般用在要求较高的机房。

基站机房接地的控制点如下。

a. 基站机房接地分为天线馈线接地、主设备接地和其他设备接地。天线馈线自铁塔/抱杆下至室外电缆走线架,入机房前,至少应三点(馈线引下点、中间点、入机房前一点)接地。

b. 确定楼顶避雷带和建筑地级组的位置,选择合适的接地点。

c. 确认馈线接地件(EARTHER KIT)的数量和安装位置。

d. 确认机房内 EARTHER BAR 的位置和 Node-B 的方位关系,测量所需地线(绿色 av 16 mmSq)的长度。

e. 确认室外接地排的安装位置,室外接地排的长度、型号。例如,安装 500mm 长的 TMY-100×10 室外接地排一块,安装于馈线孔下方外墙上,并就近可引接地线至建筑地级组或楼顶避雷带。

f. 各项接地确认:交流引入电缆、交流配电箱、电源架接地、传输设备和其他设备。

⑤ 确认铁塔和屋舍的位置关系。

根据天线安装设计图,结合站点周边的环境和屋舍的高度、天线周围环境的情况综合考虑是否需要铁塔。

a. 如果站点已经有铁塔,则考虑其能否被继续利用。需明确铁塔的物主及原来的用途,委托客户对使用权进行交涉协商。需考察铁塔的具体方位并测量塔的高度、尺寸,塔的强度是否符合要求,塔上有无足够空间可利用。塔上若已有天线,则要考虑干扰的预估和排除。如果能有效、快速地改造铁塔,且铁塔的各方面情况都能符合要求,则推荐使用原有铁塔,以节省工时和开支。

b. 根据取得的图纸和勘测时拍摄的照片及测量数据得到屋舍的全图,确定铁塔在站点的什么位置,与机房的方位、距离关系。必须对铁塔与机房的距离、方位进行严格的测量,并根据测量得到的数据画出图纸。

c. 根据铁塔和机房的具体方位,结合站点的实际情况确定馈线的走线路径。由于馈线的长度涉及馈线的损耗和工程的费用问题,根据测量的情况选取最短的走线路径是非常必要的。

d. 确认是否需要新的馈线架。如果需要,须根据馈线的走线路径确定馈线架的尺寸、长度等;如果站点已存在馈线架,需要对其能否使用以及尺寸、长度等问题予以确认。

e. 确定塔顶放大器、天线在铁塔上的安装位置。

f. 馈线自铁塔/抱杆下至室外电缆走线架、入机房前,至少应三点(馈线引下点、中间点、入机房前一点)接地,确认这些接地点的存在。

g. 确认是否需要馈线穿墙板,穿墙板的规格(2 孔、4 孔、6 孔),孔径的大小等;天线馈线和馈线架的固定问题,以及所需工具和材料。

⑥ 确认天线的设立位置。

a. 安装天线的高度。

b. 安装天线的用途。

c. 安装天线的铁塔或抱杆等的强度。

d. 是否有空间对指定方向(0°、120°、240°)的天线进行安装。

e. 是否有天线接续场所。

f. 事先准备时,如果不明确天线的安装位置,应向客户或业主确认,或取得设计图等资料。注意,这些信息是在工程准备阶段取得的,但主要应依据实际测得的数据确定。

g. 在天线安装时如有意外情况发生(如某些地点不允许安装天线),应向客户或业主进行说明和委托研讨。

h. 需确认在天线的方向无障碍物。如发现可能由于障碍物而引起信号故障,应向客户提出变更天线位置及高度,或要求更改设立基站机房的地点。

i. 需确认已安装的天线无干扰问题。如果和已有天线有干扰问题,而且干扰问题无法避免,则要求更改设立基站机房的地点。

j. 如要进行天线位置的变更,必须事先对天线的安装位置和能否解决实际问题等方面进行详细的调查。

2. 机房设计

机房设计主要包括移动基站设备及配套机架、传输综合柜、供电电源系统以及走线架等安装设计。下面重点介绍电源系统的设计。

移动基站电源系统一般由市电、组合电源架、蓄电池组、用电设备构成,并配备移动油机组,如图 5-2 所示。

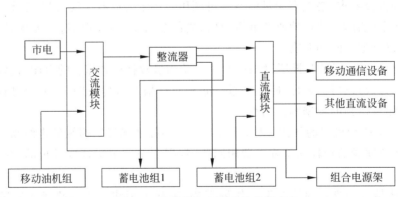

图 5-2　移动基站电源系统的组成

1) 蓄电池容量计算与选型

计算公式如下:

$$Q \geqslant \frac{KIT}{\eta[1+\alpha(t-25)]}$$

其中：

T：蓄电池放电时间。一般来说，一类市电为 1h，二类市电为 2h，三类市电为 3h，四类市电为 10h。

t：机房最低环境温度。

K：安全系数，一般取值为 1.25。

α：电池温度系数。取值如下：$\alpha = 0.006$，放电小时率 $\geqslant 10$；$\alpha = 0.008$，$1 \leqslant$ 放电小时率 < 10；$\alpha = 0.01$，放电小时率 < 1。

η：蓄电池逆变效率。一般取值为 0.75。

I：放电电流。放电电流即为机房内所有直流设备的最大负载电流之和，包括数据设备、传输设备、无线设备以及其他设备的直流设备用电。

【例 5-1】 假设机房直流电压均为 -48V，近期各专业负荷如下：传输设备 20A、数据设备 60A、其他设备（不含无线专业）20A，采用高频开关电源供电。统计无线专业的负荷容量并计算蓄电池的总容量及选定的配置情况（假设 K 取 1.25，放电时间 T 为 3h，不计算最低环境温度影响，即假设 $t = 25℃$，蓄电池逆变效率 η 为 0.75，电池温度系数 $\alpha = 0.006$）。

分析：已知 $K = 1.25$，$T = 3$h，$\eta = 0.75$，$\alpha = 0.006$，$t = 25℃$。

假定通过无线设备手册查询得知：基站设备 B328 满负荷功耗为 400W，R08 满负荷功耗为 200W，每个 B328 最多可带 3 个 R08。考虑到近期规划，本次工程安装两套 B328，因此最多可配置 6 个 R08。

无线设备总功耗可以定为 $400 \times 2 + 200 \times 6 = 2000$（W），直流电流约为

$I_{无线} \approx 2000/50 = 40$（A）。

则总的放电电流 $I = 20 + 60 + 20 + 40 = 140$（A）。

依据计算公式得：$Q = 1.25 \times 140 \times 3/0.75 = 700$（Ah）。

蓄电池一般分两组安装，此时每组蓄电池的额定容量按照 1/2 计算容量来选择。选择的总容量略大于计算容量，即 $Q \times 1/2 = 350$（Ah）。

根据计算结果可以选用相应型号设备。因此，应选取两组 SNS-400Ah 的蓄电池组，两组蓄电池总容量为 800Ah，如表 5-2 所示。

2）开关电源容量计算与选型

开关电源整流模块的容量主要依据额定输出电流来选取。其电流 I_k 满足以下条件：
$$I_k \geqslant I + I_c$$
其中，I 为直流设备最大负荷电流，即为放电电流值。

I_c 为蓄电池充电电流，若为 10 小时充电电流，则对于电网较好的站，可取 $I_c = (0.1 \sim 0.15) \times Q$。

整流模块数选择原则：整流模块数目按照 $n + 1$（整流模块数目小于 10）冗余原则确定。当整流模块数目大于 10 时，每 10 个要备用一个。则整流模块数量 n 计算如下：
$$n \geqslant I_k/I_{me}$$
其中，I_{me} 为每个整流模块的额定输出电流。

表 5-2　蓄电池组型号一览表

序号	系列	组电压/V	排列方式	规格/mm			重量/kg	承重/(kg/m²)	价格/元	备注
				长	宽	高				
1	SNS-300Ah	48	双层双列	933	495	1032	530	1322	14 400	
			单层双列	1746	495	412	522	636		
			双层单列	1776	293	1032	535	1105		
2	SNS-400Ah	48	双层双列	1128	566	1042	734	1350	19 200	
			单层双列	2118	566	422	720	703		
			双层单列	2156	338	1042	741	1720		
3	SNS-500Ah	48	双层双列	1198	656	1042	835	1421	24 000	
			单层双列	2195	656	422	823	743		
			双层单列	2233	383	1042	839	1285		
4	SNS-300Ah	48	双层双列	998	990	1032	1060	1170	28 800	
			单层双列	1811	990	412	1044	578		
			双层单列	1841	495	1032	1069	1148		
5	SNS-400Ah	48	双层双列	1213	970	1162	1496	1607	38 400	
			单层双列	2210	970	432	1470	837		
			双层单列	2248	545	1162	1497	1517		

【例 5-2】　假设机房直流电压均为 -48V，近期各专业负荷如下：传输设备 20A、数据设备 60A、其他设备(不含无线专业)20A，采用高频开关电源供电(假设 K 取 1.25，放电时间 T 为 3h，不计算最低环境温度影响，即假设 $t=25℃$，蓄电池逆变效率 η 为 0.75，电池温度系数 $\alpha=0.006$)。结合例 5-1 计算出的蓄电池容量，蓄电池按照 10 小时允冲电流考虑，计算开关电源配置容量并选择型号。

分析：根据计算公式 $I_k \geqslant I + I_c$，由例 5-1 计算得知，$I=140$A。

由题意知：I_c 为 10h 充电电流，则 $I_c=800 \times 0.15=120$(A)。

即 $I_k=260$A，$n \geqslant I_k/I_{mc}=260/30 \approx 9$。

依据整流模块选用原则，整流模块数目应取 10 个，查看表 5-3 可知所选用设备型号为 PS48300-1B/30-300A。

3) 交流配电箱容量计算与选型

$I_e \geqslant S_e/(3 \times 220)$。

$S_e \geqslant S/0.7$。变压器所带负载为额定负载的 0.7~0.8。

$S=K_0 \times P_有$，这里仅考虑有功功率，若考虑无功功率和无功功率补偿，则计算公式为 $S=K_0 \times (P_有^2 + (P_有 - P_补)^2)^{1/2}$。

S 为全局所有交流负荷，包括设备用电、生活用电、照明用电等。

S_e 为变压器的额定容量。

表 5-3　开关电源设备型号一览表

序号	产品型号	单位	模块数量	规格尺寸/mm(高×宽×深)	荷载/(kg/m²)
1	PS48300-1B/30-180A	架	6	2000×600×600	435
2	PS48300-1B/30-210A	架	7	2000×600×600	442
3	PS48300-1B/30-240A	架	8	2000×600×600	458
4	PS48300-1B/30-270A	架	9	2000×600×600	465
5	PS48300-1B/30-300A	架	10	2000×600×600	480
6	PS48300-2B/50-400A	架	8	2000×600×600	520

K_0 为同时利用系数,一般取 $K_0 = 0.9$。

I_e 为交流配电箱(配电屏)的每相电流。

【例 5-3】　已知照明用电、空调功率为 5000W,监控设备以及其他设备功率为 2000W,其他条件同例 5-2,计算交流配电箱的容量及选型。

分析:整流模块的输出功率为 260×50＝13 000(W)。

由题目可知,照明用电、空调功率为 5000W,监控设备以及其他设备功率为 2000W。若不考虑无功功率,全局所有交流负荷 S 计算如下:

$$S = K_0 \times P_有 = 0.9 \times (13\,000 + 5000 + 2000) = 20\,000 \times 0.9 = 18(kVA)。$$

则 $S_e = 18\,000/0.7 \approx 26(kVA)$。

因此,$I_e \geqslant S_e/(3 \times 220) = 26 \times 1000/660 \approx 40(A)$,查看表 5-4 可知选用交流配电箱设备型号为 380V/100A/3P。

表 5-4　交流配电箱设备型号一览表

序号	名称	规格型号	外形尺寸/mm(高×宽×深)	单位
1	交流配电箱	380V/100A/3P	600×500×200	套
2	交流配电箱	380V/150A/3P	700×500×200	套
3	交流配电箱	380V/200A/3P	800×500×200	套

4)电源线径的确定

电源线径可以根据电流及压降(ΔU)来计算,公式如下:

$$S = \sum I \times L/(r \times \Delta U)$$

其中,S 为电源线截面(mm²);$\sum I$ 为流过的总电流(A);L 为该段线缆长度(m);r 为该线缆的导电率(铜质为 54.4,铝质为 34);ΔU 为该段线缆的允许电压(V),ΔU 的取值规则为从蓄电池至直流电源时 $\Delta U \leqslant 0.2V$,从直流电源至直流配电柜时 $\Delta U \leqslant 0.8V$,从直流配电柜至设备机架时 $\Delta U \leqslant 0.4V$。

【例 5-4】　计算蓄电池与开关电源之间的连接线缆线径,假定线缆长度为 20m。

分析:首先其必须满足市电停电时的所有负荷要求,即最大电流为 $\sum I = 150A$,$L = 20m$,采用铜导线 $r = 54.4$,$\Delta U = 0.2 + 0.8 = 1.0(V)$。

则 $S = \sum I \times L/(r \times \Delta U) = 150 \times 20/(54.4 \times 1.0) \approx 55.2(mm^2)$,因此可以选用 70mm² 线径的芯线。

5.4　通信线路工程施工图的绘制

5.4.1　绘制步骤

通信线路工程施工图的绘制,总体来说,要求线路图具有统一性、整体性和协调性。

1. 架空线路工程

(1) 仔细看好草图。

① 注意自己所画每张草图的衔接、指北方向的正确。

② 注意自己所画图纸与别人图纸的衔接。

③ 新建杆路要问清杆高、芯数。

④ 利用旧杆路要问清是附挂,还是利用原有杆路新设吊线。

(2) 在绘图中要注意一个工程的标准统一性。

① 字高大小应统一。

② 尺寸标注大小应统一。

(3) 布置杆路。

① 工程类别、吊线绘制位置的确定。

② 电杆的种类、高度及架设的地貌,吊线的规格及架设的地貌。

(4) 画路。

① 核对路由是否符合现场查勘情况。

② 注意路与杆线之间距离的比例。

(5) 角杆拉线。

① 角杆拉线要在角的平分线上。

② 一般情况下,杆路路由方向的夹角小于45°时应安装角杆拉线。

(6) 截图。

① 截出每段图纸,尽量充满图框空间。

② 注意指北针一定要随着路由一起旋转然后接图。

(7) 添加参照物。

① 参照物的大小合适,在图纸中的位置准确。

② 注意参照物中的文字角度要符合设计的要求。

(8) 添加杆号。

① 取两基站站名的前一个字母,如新街口—夫子庙,杆号为PXF01。

② 原有杆号加(),如(PXF01)。

(9) 添加人字拉、四方拉、终结拉线。

① 一般情况下,每8挡做一个人字拉,在平原情况下32挡做四方拉,注明"做双向假终结"(具体以各建设方要求为准)。

② 一般情况下,杆路路由方向的夹角大于或等于45°时应安装终结拉线(具体以各建

设方要求为准）。

(10) 添加接地。

① 吊线终结的地方要做直埋式接地。

② 每千米处需进行接地处理。在有拉线存在的地方,也需要增加拉线式接地,其他情况下,一般采用直埋式拉线（具体以各建设方要求为准）。

(11) 添加杆面程式、角度、工作量表、光缆图、接图符、图名和图号。

(12) 其他障碍物的处理。

① 在杆路与管道衔接处,要做好钢管引上。

② 进出基站处理（注:在新建情况下要注明"站内预留×××米""拉攀固定""吊线松挂"）。

③ 特殊障碍处理（注:过特殊道路时,增加杆高;杆路在过河超过 120m 时,应做辅助吊线。具体以现场为准）。

2. 管道线路工程

(1) 仔细看好草图（注:要向工程负责人问清管孔程式）。

(2) 在绘图中要注意一个工程的标准统一性,如字高的大小、尺寸标注的大小等。

(3) 布置管道路由（注:让工程负责人员核对路由是否符合现场查勘情况）。

(4) 添加参照物。

(5) 截图、加接头符号。

(6) 编入(手)孔孔号（注:根据工程要求编号）。

(7) 加管道断面、顶管、定向钻定型图。

(8) 画建筑方式图。

(9) 加主要工作量表。

(10) 加图名、图号。

5.4.2 图纸内容及应达到的深度

有线通信线路工程施工图设计阶段,图纸内容及应达到的深度如下。

(1) 已批准的初步设计线路路由总图。

(2) 长途通信线路敷设定位方案的说明,并附在比例为 1:2000 的测绘地形图上,绘制的线路位置图应标明施工要求,如埋深、保护段落及措施、必须注意的施工安全地段及措施等;地下无人站内设备安装及地面建筑的安装建筑施工图;光缆进城区的路由示意图和施工图以及进线室平面图、相关机房平面图。

(3) 线路穿越各种障碍点的施工要求及具体措施。每个较复杂的障碍点应单独绘制施工图。

(4) 水线敷设、岸滩工程、水线房等施工图及施工方法说明。水线敷设位置及埋深应以河床断面测量资料为依据。

(5) 通信管道、人孔、手孔、光(电)缆引上管等的具体位置及建筑形式,孔内有关设备的安装施工图及施工要求;管道、入孔、手孔结构及建筑施工采用定型图纸,非定型设计应附结构及建筑施工图;对于有其他地下管线或障碍物的地段,应绘制剖面设计图,标明其交点位置、埋深及管线外径等。

(6) 长途线路的维护区段划分、巡房设置地点及施工图(巡房建筑施工图另由建筑设计单位编发)。

(7) 本地线路工程还应包括配线区划分、配线光(电)缆线路路由及建筑方式、配线区设备配置地点位置设计图、杆路施工图、用户线路的割接设计和施工要求的说明。施工图应附中继、主干光缆和电缆、管道等的分布总图。

(8) 枢纽工程或综合工程中有关的设备安装工程进线室铁架安装图、电缆充气设备室平面布置图、进局光(电)缆及成端光(电)缆施工图。

5.5 设备安装工程施工图的绘制

5.5.1 移动通信机房平面图绘制要求

(1) 根据提供的资料确定机房是原有还是新建。

(2) 图纸的字高、标注、线宽应统一,图纸总体要清晰美观。

(3) 平面图应先画出机房的总体结构(如墙壁、门、窗等并标注尺寸,墙厚度规定为240mm 或 300mm)。

(4) 画出机房内设备的大小尺寸及位置,利旧综合配线架(ODF 架)要画出它的位置并进行标注,如需新增综合配线架(ODF 架),要了解新增综合配线架(ODF 架)的尺寸,并标注安装位置。

(5) 在图中主设备上加尺寸标注(图中必须有主设备尺寸以及主设备到墙的尺寸)。

(6) 平面图中必须有指北针、图例、说明,并标有"×××层机房"字样。

(7) 机房平面图中必须加设备配置表。

(8) 图纸中如有馈孔,要将馈孔加进去。

(9) 要在图纸外插入标准图衔,并根据要求在图衔中加注单位比例、设计阶段、日期、图名、图号等。

(10) 敷设光缆,应画出光缆的走向(注:从进线洞至综合配线架 ODF 的光缆线路路由)。

5.5.2 通信设备安装工程施工图绘制要求

通信设备安装工程施工图设计阶段,图纸内容及应达到的深度如下。

(1) 数字程控交换工程设计方面:应附市话中继方式图、市话网中继系统图、相关机房平面图。

(2) 微波工程设计方面:应附全线路由图、频率极化配置图、通路组织图、天线高度示意图、监控系统图、各种站的系统图、天线位置示意图及站间断面图。

(3) 干线线路各种数字复用设备、光设备安装工程设计方面:应附传输系统配置图、远期及近期通路组织图、局站通信系统图。

(4) 移动通信工程设计方面。

① 移动交换局设备安装工程设计方面：应附全网网络结构示意图、本业务区通信网络系统图、移动交换局中继方式图、网同步图。

② 基站设备安装工程设计方面：应附全网网络结构示意图、本业务区通信网络系统图、基站位置分布图、基站上下行传输损耗示意方框图、机房工艺要求图、基站机房设备平面布置图、天线安装及馈线走向示意图、基站机房走线架安装示意图、天线铁塔示意图、基站控制器等设备的配线端子图、无线网络预测图纸。

(5) 供热、空调、通风设计方面：应附供热、集中空调、通风系统图及平面图。

(6) 电气设计及防雷接地系统设计方面：应附高、低压电供电系统图、变配电室设备平面布置图。

5.6 工程图纸绘制中的常见问题

当完成一项工程设计时,在绘制通信工程图方面,根据实际工程经验,较容易出现以下一些问题。

(1) 图纸中文字或标注等出现压线现象。

(2) 图纸说明中序号排列错误。

(3) 图纸技术说明中缺标点符号以及说明性文字字体不一致。

(4) 图纸中出现尺寸标注字体不统一或标注太小。

(5) 图纸中缺少指北针。

(6) 平面图或设备走线图的图衔中缺少单位 mm。

(7) 图衔中图号与整个工程编号不一致。

(8) 设计时前后图纸编号顺序有问题。

(9) 设计时图衔中图名与目录不一致。

(10) 设计时图纸中内容颜色有深浅之分。

小　　结

(1) 通信工程主要分为线路工程和通信设备安装工程两大部分。对于不同类型的工程设计,其工程制图的绘制要求及制图所应达到的深度也有所不同。在本章里,分别针对有线通信线路工程和通信设备安装工程这两大部分,介绍各项单项工程中,需要绘制哪些图纸以及要求达到的设计深度。

(2) 通信线路施工图纸是施工图设计的重要组成部分,它是指导施工的主要依据。施工图纸包含了诸如路由信息、技术数据、主要说明等内容,施工图应该在仔细勘察和认真搜集资料的基础上绘制而成。

（3）通信主干线路的施工图纸主要包括以下几部分内容：主干线路施工图、管孔图、杆路图、总配线架上列图和交接箱上列图等。配线线路工程施工图设计一般有新建配线区和调改配线区两种。新建配线区配线线路施工图原则上以一个交接箱为单位作为一个设计文本。通信配线线路工程施工图主要包括配线线路施工图、配线管路图、交接箱上列图等。

（4）通信设备安装工程主要包括数字程控交换设备安装工程、微波安装工程、干线线路各种数字复用设备、光设备安装工程以及移动交换局设备安装工程和基站设备安装工程等。对于不同的通信设备安装工程，也要配置相应的工程图纸来指导施工。

（5）在绘制线路施工图时，首先要按照相关规范要求选用适合的比例，为了更方便地表达周围环境情况，可采用沿线路方向按一种比例，而周围环境的横向距离采用另外一种比例或基本按示意性绘制。

（6）绘制工程图时，要按照工作顺序、线路走向或信息流向进行排列，线路图纸分段按起点至终点、分歧点至终点原则划分。

（7）线路图、机房平面图等的绘制必须加入指北针。

（8）在绘制机房平面布置图时，要求不仅能在图纸上反映出设备的摆放位置，还有能反映出设备的正面所朝方向。

思考与习题

1. 填空题

（1）在绘制机房平面图时，机房墙的厚度规定为_____。

（2）有线通信线路工程主干线路施工图纸主要包括_____、_____、_____和_____等。

（3）数字程控交换工程设计中，应配备的主要工程图纸有_____、_____、_____。

（4）干线线路光设备安装工程施工图纸主要包括_____、_____、_____。

（5）在绘制线路工程施工图时，应按照_____顺序制图，线路图纸分段应按照从_____至_____、从_____至_____的原则划分。

2. 选择题

（1）绘制建筑平面图时，采用的绘图单位为（　　）。
　　A. mm　　　　　B. cm　　　　　C. m　　　　　D. km

（2）绘制下列中的（　　）时，不需要加入指北针。
　　A. 机房平面图　　B. 线路施工图　　C. 网络结构示意图　D. 架空杆路图

（3）在绘图过程中，当所要表述的含义不便于用图示的方法完全清楚地表达时，可在图中加入（　　）来进一步加以说明。

    A. 图例　　　　　　　B. 指北针　　　　　　　C. 数字　　　　　　　D. 注释说明

（4）对于平面布置图、线路图和区域规划性质的图纸，绘制时，依照国标没有设定的比例标准是（　　）。

    A. 1：1000　　　　　B. 1：200　　　　　　C. 1：400　　　　　　D. 1：2000

3. 简答题

（1）简述通信线路路由选择的总体要求。

（2）天馈系统勘测的主要内容是什么？

（3）绘制机房平面图时必须具备哪几个要素？

（4）如何在所绘制的线路施工图中加入工程量表？

（5）机房平面图中的设备配置表应包含哪些内容？

（6）在绘制平面布置图时，都需要标注哪些尺寸？

技 能 训 练

【训练目的】

熟悉通信工程勘测的基本流程。

掌握 3G 基站勘测工具的使用方法。

理解和掌握 3G 机房的工艺和布局要求。

能结合校园或周围 3G 基站，进行机房室内勘测，并能绘制出勘测草图。

能根据工程勘测情况和机房工艺、布局要求，设计出较为合理的机房室内布局设计方案，并能绘制出 CAD 图纸。

能够针对给定的天馈系统勘测结果，制定出天线安装和线缆布放的方案。

【训练内容】

某学校需要进行 3G 无线覆盖。现在需要完成如下任务：

（1）设计出机房室内布局设计方案并绘制出 CAD 图纸。

（2）制定出天线安装和线缆布放的方案。

因此，本次工程的设计范围包括移动基站设备、传输设备、电源设备、室内走线架、室外走线架、室外天馈系统、馈线窗、GPS 等设备的安装设计。

要求如下。

此次工程项目需提交两类图纸，分别为工程草图和电子图纸。

（1）工程草图。

依据制图原则,采用不同线型及粗细绘制工程草图。

① 室外勘测——完成光缆走线路由图。

② 室内勘测——完成机房平面结构图。

(2) 电子图纸。

参考工程设计规范,在 A3 标准图框内完成以下图纸绘制,每个图保存为一个独立文件(后 3 个文件使用图层显示或隐藏的方法保存为多个文件)。

① 室外光缆路由图(依据尺寸列出所需光缆数量)。

② 机房设备安装平面布置图(列出设备配置清单表)。

③ 机房室内走线架平面布置图。

④ 机房线缆走线路由图(列出室内及天馈系统各大类线缆使用数量清单)。

【实施步骤】

(1) 线路勘测。

由学院内已建立的光缆交接箱引接光缆至基站机房,利用现有"雨水井"设计路由线路,对本次工程的线路进行勘测。

(2) 机房勘测。

对可选机房进行勘测,并按照机房工艺和设备要求对建筑提出承重要求以及机房改造方案。建筑结构为框架式,梁下净高 2800mm,楼板及梁各自高 300mm。

(3) 天馈系统勘测(已设定)。

天线抱杆的安装位置为所选机房正上方所在的楼顶。天馈系统使用定向天线。3 个定向天线位置在楼顶示意图如图 5-3 和图 5-4 所示。根据给定的勘测结果,计算风阻,提出承重要求,确定馈线走线路由方案。

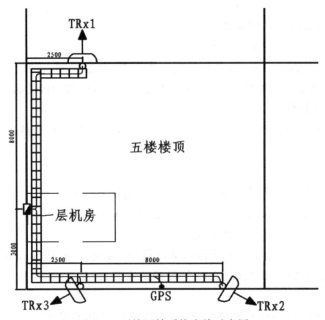

图 5-3　顶楼天馈系统走线示意图

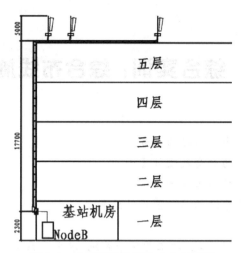

图 5-4　机房至天线室外走向示意图

单元六 综合实训：综合布线施工设计

【实训目的】

（1）了解综合布线 7 个子系统的划分。

（2）熟悉 7 个子系统的概念及设计原则。

（3）掌握 7 个子系统的施工设计方法。

（4）独立完成 7 个子系统的施工图设计绘制。

【实训内容】

设计综合布线的 7 个子系统，即工作区子系统、水平子系统、管理间子系统、垂直子系统、设备间子系统、进线间子系统和建筑群子系统，并且在 AutoCAD 中完成 7 个子系统的施工图设计。

6.1 工作区子系统

工作区子系统主要实现工作区终端设备与水平子系统之间的连接，由终端设备连接到信息插座的连接线缆所组成。

综合布线系统工作区子系统的应用：在智能建筑中随处可见，就是安装在建筑物墙面或者地面的各种信息插座，有单口插座，也有双口插座，图 6-1 为工作区子系统实际应用案例图。

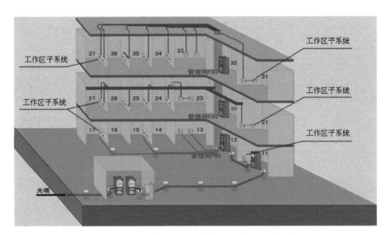

图 6-1 工作区子系统实际应用案例图

墙面安装的插座一般为 86 系列，插座为正方形，边长为 86mm，常见的为白色塑料制造。一般采用暗装方式，把插座底盒暗藏在墙内，只有信息面板凸出墙面，如图 6-2 所示，暗装方式一般配套使用线管，线管也必须暗装在墙面内。也有凸出墙面的明装方式插座底盒和面板全部明装在墙面，适合旧楼改造或者无法暗藏安装的场合，如图 6-3 所示。

图 6-2 墙面暗装底盒

图 6-3 墙面明装底盒

地面安装的插座也称为"地弹插座"，使用时只要推动限位开关，就会自动弹起。一般为 120 系列，常见的插座分为正方形和圆形两种，正方形长 120mm，宽 120mm，如图 6-4 所示；圆形直径为 Φ150mm，如图 6-5 所示。地面插座要求抗压和防水功能，因此都是由黄铜材料铸造。

图 6-4 方形地弹插座

图 6-5 圆形地弹插座

插座底盒内安装有各种信息模块，如光模块、电模块、数据模块、语音模块等。

按照缆线种类区分，有与电缆连接的电模块和与光缆连接的光模块。

按照屏蔽方式区分，有屏蔽模块和非屏蔽模块。

按照传输速率区分，有五类模块、超五类模块、六类模块、七类模块。

按照实际用途区分，有数据模块和语音模块等。

在《综合布线系统工程设计规范》GB 50311—2007 中，明确规定了综合布线系统工程"工作区"的基本概念，工作区就是"需要设置终端设备的独立区域"。这里的工作区是指需要安装计算机、打印机、复印机、考勤机等网络终端设备的一个独立区域。在实际工程应用中以一个网络插口为一个独立的工作区，也就是一个网络模块对应一个工作区，而不是一个房间为一个工作区，在一个房间往往会有多个工作区。

如果一个插座底盒上安装了一个双口面板和两个网络插座时，标准规定为"多用户信息插座"。在工程实际应用中，为了降低工程造价，通常使用双口插座，有时为双口网络模块，有时为双口语音模块，有时为由 1 口网络模块和 1 口语音模块组成的多用户信息插座。

1. 工作区子系统的设计原则

在工作区子系统的设计中，一般要遵守下列原则。

1）优先选用双口插座原则

一般情况下,信息插座宜选用双口插座。不建议使用三口或者四口插座,因为一般墙面安装的网络插座底盒和面板的尺寸为长 86mm,宽 86mm,底盒内部空间很小,无法保证和容纳更多网络双绞线的曲率半径。

2）插座高度 300mm 原则

在墙面安装的信息插座距离地面高度为 300mm,在地面设置的信息插座必须选用金属面板,并且具有抗压防水功能。在学生宿舍家居遮挡等特殊应用情况下,信息插座的高度也可以设置在写字台以上位置。

3）信息插座与终端设备 5m 以内原则

为了保证传输速率和使用方便及美观,GB 50311—2007 规定,信息插座与计算机等终端设备的距离宜保持在 5m 范围内。

4）信息插座模块与终端设备网卡接口类型一致原则

GB 50311—2007 规定,插座内安装的信息模块必须与计算机、打印机、电话机等终端设备内安装的网卡类型一致。例如,终端计算机为光模块网卡时,信息插座内必须安装对应的光模块;计算机为六类网卡时,信息插座内必须安装对应的六类模块。

5）数量配套原则

一般工程中大多数使用双口面板,也有少量的单口面板。因此,在设计时必须准确计算工程使用的信息模块数量、信息插座数量、面板数量等。

6）配置电源插座原则

在信息插座附近必须设置电源插座,以减少设备跳线的长度。为了减少电磁干扰,电源插座与信息插座的距离应大于 200mm。

7）配置软跳线原则

从信息插座到计算机等终端设备之间的跳线一般使用软跳线,软跳线的线芯应由多股铜线组成,不宜使用线芯直径 0.5mm 以上的单芯跳线,长度一般小于 5m。六类电缆综合布线系统必须使用六类跳线,七类电缆综合布线系统必须使用七类跳线,光纤布线系统必须使用对应的光纤跳线。特别注意:在屏蔽布线系统中,禁止使用非屏蔽跳线。

8）配置专用跳线原则

工作区子系统的跳线宜使用工厂专业化生产的跳线,不允许现场制作跳线,这是因为现场制作跳线时,往往会使用工程剩余的短线,而这些短线已经在施工过程中承受了较大拉力和多次拐弯,缆线结构已经发生了很大的改变。实际工程经验表明,在信道测试中影响最大的就是跳线,而且在六类、七类布线系统中尤为明显——信道测试不合格的主要原因往往是由两端的跳线造成的。

9）配置同类跳线原则

跳线必须与布线系统的等级和类型相配套。例如,在六类布线系统中必须使用六类跳线,不能使用五类跳线,在屏蔽布线系统中不能使用非屏蔽跳线,在光缆布线系统必须使用配套的光缆跳线。光缆跳线使用室内光纤,没有铠装层和钢丝,比较柔软。国际电联标准对光缆跳线的规定是橙色为多模跳线,黄色为单模跳线。

2. 工作区子系统的设计方法

1）工作区子系统设计流程

在工作区子系统设计前，首先需要研读用户提供的设计委托书，初步了解设计要求，然后需要与用户进行充分的技术交流，了解建筑物结构、面积及用户需求，再次认真阅读建筑物设计图纸，根据建筑物使用功能，配置和计算信息点数量，最后确定信息插座类型和位置等，进行规划、设计和预算，完成设计任务。工作区子系统设计流程如图6-6所示。

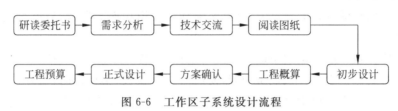

图 6-6　工作区子系统设计流程

2）设计要点

（1）新建建筑物。

根据 GB 50311—2007，从 2007 年 10 月 1 日起新建建筑物必须设计网络综合布线系统，因此建筑物的原始设计图纸中必须有完整的初步设计方案和网络系统图。必须认真研究和读懂设计图纸，特别是与弱电有关的网络系统图、通信系统图、电气图等。

如果土建工程已经开始或者封顶时，必须到现场实际勘测，并且与设计图纸对比。

新建建筑物的信息点底盒必须暗埋在建筑物的墙内，一般使用金属底盒。

（2）旧楼增加网络综合布线系统的设计。

当旧楼改造需要增加网络综合布线系统时，设计人员必须到现场勘察，根据现场使用情况具体设计信息插座的位置、数量。

旧楼增加信息插座一般多为明装 86 系列插座，也可以在墙面开槽暗装信息插座。

（3）信息点的安装位置。

信息点的安装位置宜以工作台为中心进行设计。如果工作台靠墙布置，则信息点插座一般设计在工作台侧面的墙面，通过网络跳线直接与工作台上的计算机连接，以避免信息点插座远离工作台。否则这样网络跳线比较长，既不美观，也可能影响网络传输速率或者稳定性。信息点插座也不宜设计在工作台的前后位置。

如果工作台布置在房间的中间位置或者没有靠墙，则信息点插座一般设计在工作台下面的地面，通过网络跳线直接与工作台上的计算机连接。在设计时必须准确估计工作台的位置，避免信息点插座远离工作台。

如果是集中或者开放办公区域，则信息点的设计应该以每个工位的工作台和隔断为中心，将信息插座安装在地面或者隔断上。目前，市场上销售的办公区隔断上都预留有两个 86×86 系列信息点插座和电源插座安装孔。新建项目选择在地面安装插座，有利于一次完成综合布线，适合在办公家具和设备到位前综合布线工程竣工，也适合工作台灵活布局和随时调整,但是地面安装插座施工难度比较大,地面插座的安装材料费和工程费成本是墙面插座成本的 10～20 倍。对于已经完成地面铺装的工作区不宜设计地面安装方式。对于办公家具已经到位的工作区宜在隔断安装插座设计。

在大门入口或者重要办公室门口宜设计门警系统信息点插座。

在公司入口或者门厅宜设计指纹考勤机、电子屏幕使用的信息点插座。

在会议室主席台、发言席、投影机位置宜设计信息点插座。

在各种大卖场的收银区、管理区、出入口宜设计信息点插座。

(4) 信息点面板。

各信息点面板的设计非常重要,首先必须满足使用功能需要,然后考虑美观,同时还要考虑成本等。

地弹插座面板一般为黄铜制造,只适合在地面安装,每只售价在 100～200 元,地弹插座面板一般都具有防水、防尘、抗压功能,使用时打开盖板,不使用时,盖好盖板与地面高度相同。地弹插座有双口 RJ45、双口 RJ11、单口 RJ45＋单口 RJ11 组合等规格,外形有圆形的,也有方形的。地弹插座面板不能安装在墙面。

墙面插座面板一般为塑料制造,只适合在墙面安装,每只售价在 5～20 元,具有防尘功能,使用时打开防尘盖,不使用时,防尘盖自动关闭。墙面插座面板有双口 RJ45、双口 RJ11、单口 RJ45＋单口 RJI1 组合等规格。墙面插座面板不能安装在地面,因为塑料结构容易损坏,而且不具备防水功能,灰尘和垃圾进入插口后无法清理。

桌面型面板一般为塑料制造,适合安装在桌面或者台面,在设计中很少应用。

信息点插座底盒常见的有两个规格,适合墙面或者地面安装。墙面安装底盒为长 86mm、宽 86mm 的正方形盒子,设置有两个 M4 螺孔,孔距为 60mm,又分为暗装和明装两种,暗装底盒的材料有塑料和金属材质两种,暗装底盒外观比较粗糙;明装底盒外观美观,一般由塑料注塑。

地面安装底盒比墙面安装底盒大,为长 100mm、宽 100mm 的正方形盒子,深度为 55mm(或 65mm),设置有两个 M4 螺孔,孔距为 84mm,一般只有暗装底盒,由金属材质一次冲压成型,表面电镀处理。面板一般为黄铜材料制成,常见的有方形和圆形面板两种,方形的长为 120mm、宽 120mm;圆形的直径为 150mm。

3) 工作区子系统 AutoCAD 元素绘制

(1) 墙面信息插座绘制。

绘制墙面信息插座图例步骤如下。

第一步:打开 AutoCAD 应用程序,新建文件。

第二步:在打开的模板文件中,切换图层到"设备层",利用"直线"命令,绘制如图 6-7 所示的图形。

第三步:利用"直线"命令,绘制出一根辅助线,如图 6-8 所示。

第四步:执行"绘图"→"块"→"定义属性"命令,弹出"定义属性"对话框,在"标记"一栏中输入 TO,在"文字设置"选项区域中单击"对正"下三角按钮,在弹出的下拉列表中选择"正中"选项,在"文字高度"选项框中输入 10。

第五步：单击"确定"按钮，回到绘图界面，单击辅助线的中点；删掉辅助线，至此，带有属性的墙面网络信息插座块创建完成，如图6-9所示。

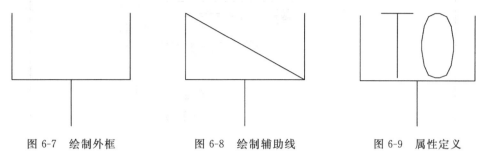

图6-7 绘制外框   图6-8 绘制辅助线   图6-9 属性定义

第六步：执行 w 命令，弹出"写块"对话框，把"墙面网络信息插座"保存在硬盘上。

（2）绘制地面信息插座。

用同样的方法绘制地面信息插座图，如图6-10所示。

注意：插入时，根据提示输入信息点类型 TO 或 TP，并应根据放置位置在图纸旋转图块，旋转后为保持图块中的文字方向不变，选择插入的图块，单击"块"面板中的"编辑属性"按钮，在"增强属性编辑器"对话框中的"文字选项"选项卡中，将"旋转"改为0，如图6-11所示，单击"确定"按钮后，插入块效果如图6-12所示。

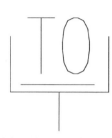

图6-10 地面信息插座

图6-11 改变文字旋转角度图

图6-12 插入块效果

3. 工作区子系统施工图设计

1）单人办公室信息点设计

第一步：打开相关建筑图纸。

第二步：利用"缩放"命令，对模板文件放大60倍。切换图层到"设备层"，执行"插入"→"块"命令插入家具设备块，并利用"缩放""移动"命令对各设备进行排列，使布局合理，如图6-13所示。

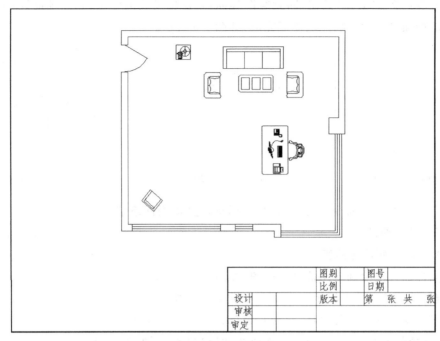

图 6-13　插入家具

第三步：切换图层到"插座层"，利用"插入"→"块"命令分别插入"墙面信息插座"和"地面信息插座"，并根据各设备的位置进行合理布置，如图 6-14 所示。

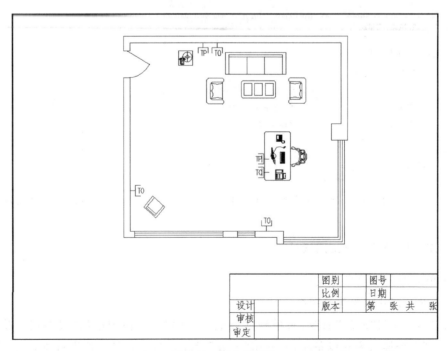

图 6-14　插入插座块

第四步：切换图层到"文字层"，编写说明；双击标题栏图块，填写标题栏，如图 6-15 所示。

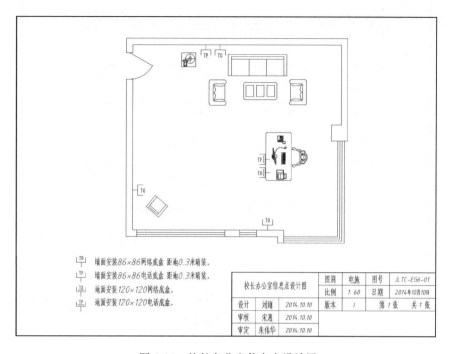

图 6-15　校长办公室信息点设计图

第五步：命名为"校长办公室信息点设计图"并保存文件。

2）多人办公室信息点设计

与单人办公室相比，多人办公室拥有更密集的信息点排布。

第一步：打开 AutoCAD 应用程序，新建文件。

第二步：利用"缩放"命令，对模板文件放大 60 倍。切换图层到"墙层"，利用"直线""偏移"命令绘制墙体；切换图层到"门窗层"，利用"直线""偏移"命令绘制玻璃；切换图层到"设备层"，利用"插入"→"块"命令，插入"办公桌"图块，并利用"缩放""复制""移动"命令对块进行排列，使布局合理，如图 6-16 所示。

第三步：切换图层到"插座层"，利用"插入"→"块"命令分别插入"墙面信息插座"和"地面信息插座"图块，并根据各设备的位置进行合理布置。插入时，需标明信息点的数量，如 2TP、4TO，如图 6-17 所示。

第四步：切换图层到"文字层"，利用"多行文字"命令进行文字标注；双击标题栏图块，填写标题栏，如图 6-18 所示。

第五步：命名为"销售部办公室信息点设计图"并保存文件。

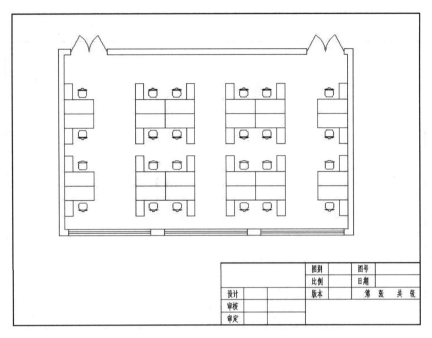

图 6-16 设备排列

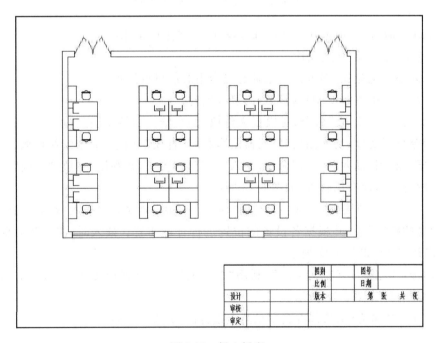

图 6-17 插入插座

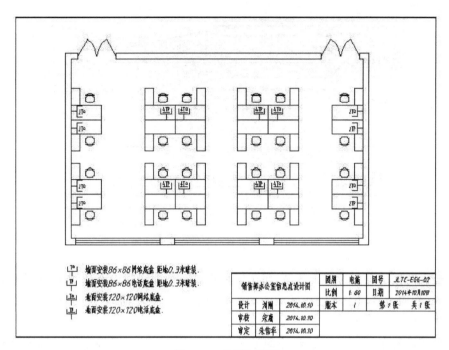

图 6-18　填写标题栏

6.2　水平子系统

水平子系统指从工作区信息插座至楼层管理间(FD-TO)的部分,在 GB 50311—2007 中称为配线子系统,以往资料中称水平干线子系统。

水平子系统一般在同一个楼层上,是从工作区的信息插座开始到管理间子系统的配线架,由用户信息插座、水平电缆、配线设备等组成。由于水平子系统最为复杂、布线路由长、拐弯多、造价高、安装施工时网络电缆承受拉力大,因此水平布线子系统的设计和安装质量直接影响信息的传输速率,也是网络应用系统最为重要的组成部分。图 6-19 为水平子系统的实际应用案例图。

目前,网络应用系统全部采用星型拓扑结构,直接体现在水平子系统,也就是从楼层管理间直接向各个信息点布线。一般安装 4 对双绞线网络电缆,如果有磁场干扰或信息保密需要时,须安装屏蔽双绞线网络电缆或者全部采用光缆系统。

在实际工程中,水平子系统的安装布线范围一般全部在建筑物内部,常用的有 3 种布线方式,即暗埋管布线方式、桥架布线方式、地面敷设布线方式。

(1)暗埋管布线方式。

暗埋管布线方式是将各种穿线管提前预埋设或者浇筑在建筑物的隔墙、立柱、楼板或地面中,然后穿线的布线方式。埋管时必须保证信息插座与管理间穿线管的连续性,根据布线要求、地板和隔墙厚度等空间条件设置。暗埋管布线一般采用薄壁钢管,设计简单明了,安装、维护都比较方便,工程造价也低。

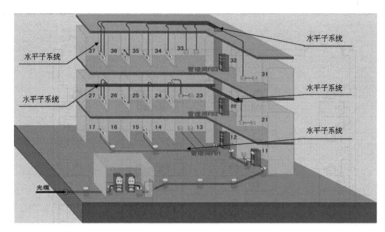

图 6-19　水平子系统实际应用案例图

比较大的楼层可分为若干区域,每个区域设置一个配线间或者配线箱,先由弱电井的楼层配线间,通过直埋钢管到各区域的配线间或者配线箱,然后通过暗埋管方式,将缆线引到工作区的信息点出口。

这种暗埋管布线方式在新建建筑物中普遍应用,也有在旧楼改造时墙面开槽埋管应用。

(2)桥架布线方式。

桥架布线方式是将支撑缆线的金属桥架安装在建筑物楼道或者吊顶等区域,在桥架中再集中安装各种缆线的布线方式。桥架布线方式具有集中布线和管理缆线的优点。

(3)地面敷设布线方式。

地面敷设布线方式是先在地面铺设线槽,然后把缆线安装在线槽中的布线方式。一般应用在机房,需要铺设抗静电地板。

1. 水平子系统的设计原则

在水平子系统的设计中,一般遵循下列原则。

1)性价比最高原则

这是因为水平子系统范围广、布线长、材料用量大,对工程总造价和质量有比较大的影响。

2)预埋管原则

认真分析布线路由和距离,确定缆线的走向和位置。新建建筑物优先考虑在建筑物梁和立柱中预埋穿线管,旧楼改造或者装修时考虑在墙面刻槽埋管或者墙面明装线槽。因为在新建建筑物中预埋线管的成本比明装布管、槽的成本低,工期短,外观美观。

3)水平缆线最短原则

为了保证水平缆线最短原则,一般把楼层管理间设置在信息点居中的房间,保证水平缆线最短。对于楼道长度超过100m的楼层,或者信息点比较密集时,可以在同一层设置多个管理间,这样既能节省成本,又能降低施工难度,因为布线距离短时,线管和电缆也短,拐弯减少,布线拉力也小一些。

4）水平缆线最长原则

按照 GB 50311—2007 的规定,铜缆双绞线电缆的信道长度不超过 100m,水平缆线长度一般不超过 90m。因此在前期设计时,水平缆线最长不宜超过 90m。

5）避让强电原则

一般尽量避免水平缆线与 36V 以上强电供电线路平行走线。在工程设计和施工中,一般原则为网络布线避让强电布线。

如果确实需要平行走线时,应保持一定的距离。一般地,非屏蔽网络双绞线电缆与强电电缆的距离大于 30cm,屏蔽网络双绞线电缆与强电电缆的距离大于 7cm。

如果需要近距离平行布线甚至交叉跨越布线时,需要用金属管保护网络布线。

6）地面无障碍原则

在设计和施工中,必须坚持地面无障碍原则。一般考虑在吊顶上布线,楼板和墙面预埋布线等。对于管理间和设备间等需要大量地面布线的场合,可以增加抗静电地板,在地板下行线。

2. 水平子系统的设计方法

1）水平子系统设计流程

水平子系统设计的步骤一般为,首先进行需求分析,与用户进行充分的技术交流,了解建筑物用途;然后要认真阅读建筑物设计图纸,根据点数统计表,确认信息点位置和数量;再进行水平子系统的规划和设计,确定每个信息点的水平布线路径;最后确定布线材料规格和数量,列出材料规格和数量统计表。水平子系统设计流程如图 6-20 所示。

图 6-20　水平子系统设计流程

2）设计要点

（1）水平子系统的拓扑结构。

水平布线子系统为星型结构。每个信息点都必须通过一根独立的缆线与楼层管理间的配线架连接,然后通过跳线与交换机连接。

（2）水平子系统的布线距离规定。

GB 50311—2007 国家标准规定,水平子系统属于配线子系统,并对缆线的长度做了统一规定,水平电缆和信道的长度应符合图 6-21 规定。

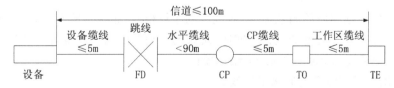

图 6-21　水平电缆和信道长度

水平子系统的长度应符合下列要求。

① 在电缆水平子系统中,信道最大长度不应大于 100m。其中,水平电缆长度不大于 90m,一端工作区设备连接跳线不大于 5m,另一端设备间(电信间)的跳线不大于 5m,如果两端的跳线之和大于 10m,则水平电缆长度应适当减小,以保证配线子系统信道最大长度不大于 100m。

② 信道总长度不应大于 2000m。信道总长度包括了综合布线系统水平缆线和建筑物主干缆线及建筑群主干三部分缆线之和。

③ 建筑物或建筑群配线设备之间(FD 与 BD、FD 与 CD、BD 与 BD、BD 与 CD 之间)组成的信道出现 4 个连接器件时,主干缆线的长度不应小于 15m。

(3) 开放型办公室布线系统长度的计算。

对于商用建筑物或公共区域大开间的办公楼、综合楼等场地,由于其使用对象数量的不确定性和流动性等因素,宜按开放办公室综合布线系统要求进行设计,并应符合下列规定:采用多用户信息插座时,每一个多用户插座包括适当的备用量在内,宜能支持 12 个工作区所需的 8 位模块通用插座;各段缆线长度可按表 6-1 选用。

表 6-1　各段缆线长度限值

电缆总长度/m	水平布线电缆 H/m	工作区电缆 w/m	电信级跳线和设备电缆 D/m
100	90	5	5
99	85	9	5
98	80	13	5
97	75	17	5
97	70	22	5

(4) CP 集合点的设置。

在水平布线系统施工中,如果需要增加 CP 集合点,则同一个水平电缆上只允许一个 CP 集合点,而且 CP 集合点与 FD 配线架之间水平线缆的长度应大于 15m。

CP 集合点的端接模块或者配线设备应安装在墙体或柱子等建筑物固定的位置,不允许随意放置在线槽或者线管内,更不允许暴露在外边。

CP 集合点只允许在实际布线施工中应用,规范了缆线端接做法,适合解决布线施工中个别线缆穿线困难时中间接续,但在实际施工中应尽量避免出现 CP 集合点,而且在前期项目设计中不允许出现 CP 集合点。

(5) 各项施工数据计算。

施工前,应根据相应的国家标准,对缆线的布放根数、布线弯曲半径要求、网络缆线与电力电缆的间距、缆线与电器设备的间距、缆线与其他管线的间距等各项数据进行计算。

3) 水平子系统 AutoCAD 元素绘制举例

(1) 使用"直线"命令绘制水平缆线。

在样板文件的图层设置中,已设置好"缆线层",颜色为红,线型为 Continuous,线宽为 0.35mm,如图 6-22 所示。绘制水平缆线时,只需在当前层使用"直线"命令。

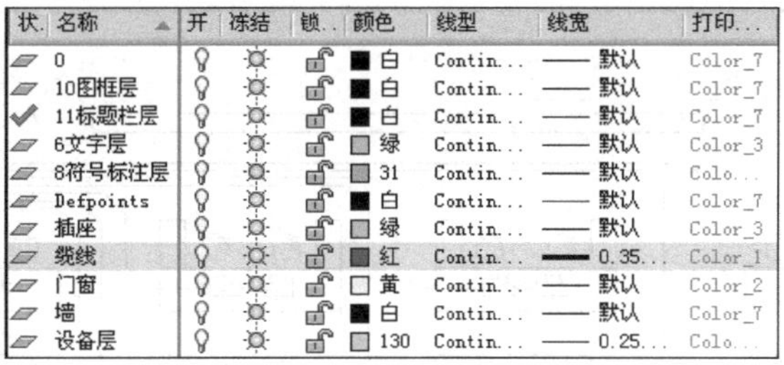

状.	名称	开	冻结	锁..	颜色	线型	线宽	打印...
	0				白	Contin...	默认	Color_7
	10图框层				白	Contin...	默认	Color_7
	11标题栏层				白	Contin...	默认	Color_7
	6文字层				绿	Contin...	默认	Color_3
	8符号标注层				31	Contin...	默认	Colo...
	Defpoints				白	Contin...	默认	Color_7
	插座				绿	Contin...	默认	Color_3
	缆线				紅	Contin...	0.35...	Color_1
	门窗				黃	Contin...	默认	Color_2
	墙				白	Contin...	默认	Color_7
	设备层				130	Contin...	0.25...	Colo...

图 6-22 设置缆线层

(2) 使用“多线段”命令绘制水平缆线。

在图纸中绘制缆线时，也可使用“多线段(PL)”命令进行绘制。注意，多线段的线宽不受图层线宽影响，应单独设置。在输入多线段命令后，先指定线段起点，然后输入 W，再分别输入多线段起点和端点的宽度。

在绘制缆线时，应避免出现直角或锐角，在缆线拐弯处可使用圆角(fillet)或倒角(chamfer)命令进行处理。

3. 水平子系统施工图设计

1) 研发楼一层水平布线路由平面图

根据办公室工作区信息点设计情况，对于信息点较少的房间可以将各信息点直接连接至楼层管理间，而对于信息点较多的房间，如销售部办公室，如果全部埋管布线到一层管理间时，不仅管路多，地面埋管困难，而且布线路由比较长，拐弯多。因此在房间内设置一个分管理间，将全部信息点缆线通过暗埋管布线到该分管理间，然后从分管理间再连接到一层管理间。

下面以销售部办公室为例说明施工平面图绘制步骤。

第一步：打开绘制好的“销售部办公室信息点设计”图纸。

第二步：切换图层到“设备层”，利用“插入”→“块”命令，插入“综合布线配线架”块；利用“缩放”“移动”命令对块进行排列，使布局合理。

第三步：切换图层到“缆线层”，利用“多线段”命令，设置线宽为 0.35mm，连接机柜至每一个信息点，再利用“倒角”命令处理缆线拐弯处。

第四步：切换图层到“文字层”，利用“多行文字”命令进行文字标注；双击标题栏图块，填写标题栏，如图 6-23 所示。

第五步：命名为“销售部办公室布线水平路由设计图”并保存文件。

2) 研发楼一层地面埋管立面图

在建筑物的一层，信息点一般全部采用地面暗埋管布线方式，一般在地面或者楼板埋管时只能使用 $\Phi16$、$\Phi20$ 或者 $\Phi25$ 等直径较小的钢管，由于地面垫层或者楼板厚度的限制，不能使用较大直径的管子。绘制埋管立面施工图，可以清楚地标明地面埋管的位置，具体绘制方式如下。

第一步：打开 AutoCAD 应用程序，新建文件。

第二步：利用“缩放”命令，对模板文件放大 25 倍。切换图层到“墙层”，利用“直线”

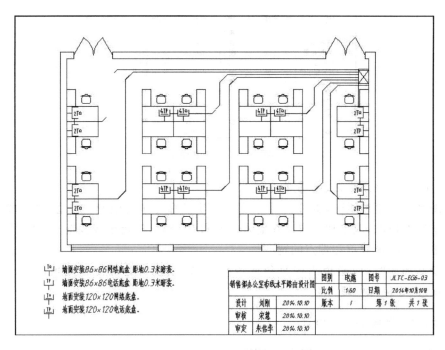

图 6-23 填写标题栏

"偏移"命令绘制墙体;切换图层到"门窗层",绘制玻璃,如图 6-24 所示。

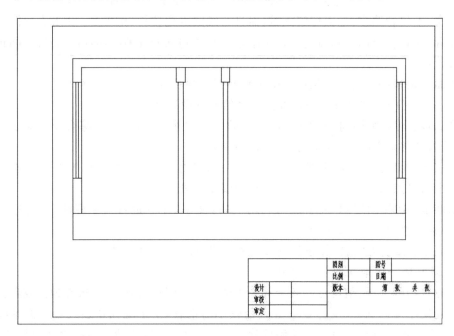

图 6-24 绘制墙体与玻璃

第三步:切换图层到"设备层",利用"插入"→"块"命令,插入"管理间机柜"图块;切换图层到"插座层",插入"墙面信息插座"与"地面信息插座"图块,利用"缩放""移动"命令对这些块进行排列，使布局合理，如图 6-25 所示。

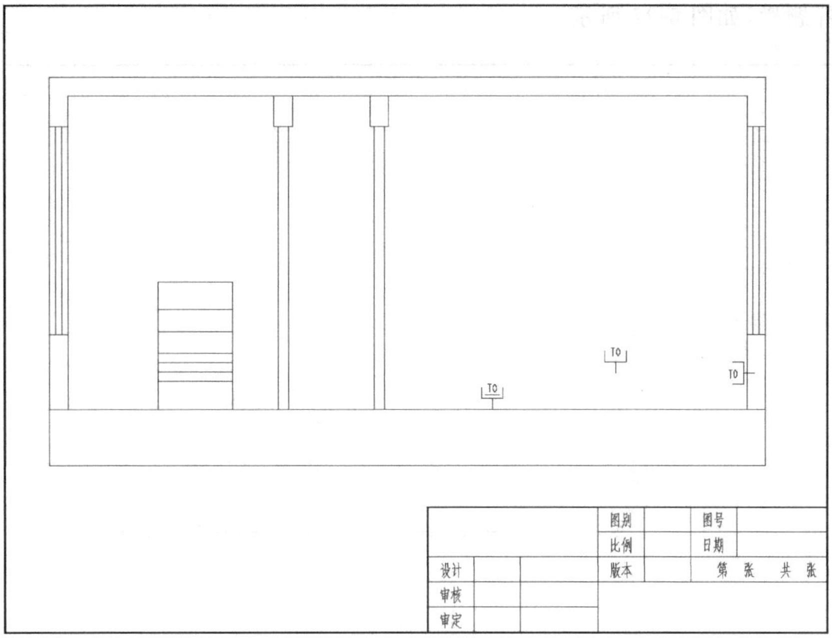

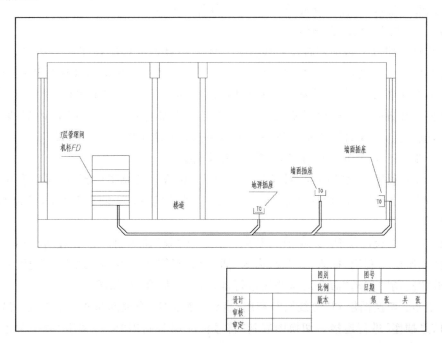

图 6-25　设备排列

第四步：切换图层到"缆线层"，利用"多段线"命令对"管理间机柜"与"墙面信息插座""地面信息插座"图块进行连接；切换图层到"符号标注层"，对各插座进行标注说明，如图 6-26 所示。

图 6-26　缆线连接与符号标注

第五步：切换图层到"文字层"，利用"多行文字"命令进行文字标注；双击标题栏图块，填写标题栏，如图 6-27 所示。

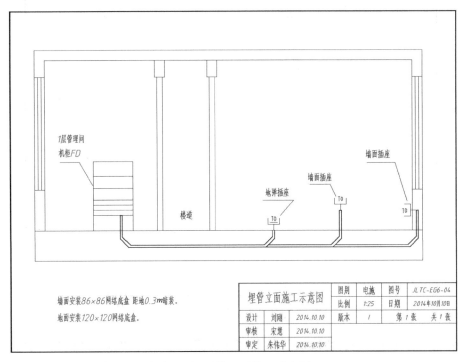

图 6-27　埋管立面施工示意图

第六步：命名为"埋管立面施工示意图"并保存文件。

3）二～四层楼板埋管布线立面图

建筑物二层以上多采用跨层布线方式。四层信息点的桥架位于三层楼道，三层信息点的桥架位于二层楼道，二层信息点的桥架位于一层楼道。从信息插座处隔墙向下垂直埋管到横梁或者楼板，然后在横梁或楼板内水平埋管到下一层楼道出口，最后引入楼道桥架。这种设计方式不仅减少了桥架和机柜，而且布线路由最短，材料用量少，减少了 U 字形拐弯，成本低，穿线时拉力也比较小。下面举例说明施工图的绘制步骤。

第一步：打开 AutoCAD 应用程序，新建文件。

第二步：利用"缩放"命令，对模板文件放大 50 倍。切换图层到"墙层"，利用"直线""偏移"命令，绘制墙体；切换图层到"门窗层"，利用"直线""偏移"命令，绘制玻璃，如图 6-28 所示。

第三步：切换图层到"设备层"，利用"插入"→"块"命令，插入"管理间机柜"块；切换图层到"插座层"，利用"插入"→"块"命令，插入"墙面信息插座"与"地面信息插座"块。利用"缩放""复制""移动"命令对这些块进行排列，使布局合理，如图 6-29 所示。

第四步：切换图层到"缆线层"，利用"直线"命令对"管理间机柜"与"墙面信息插座""地面信息插座"进行连接。切换图层到"符号标注层"，利用"多行文字"命令对各插座进行标注说明，如图 6-30 所示。

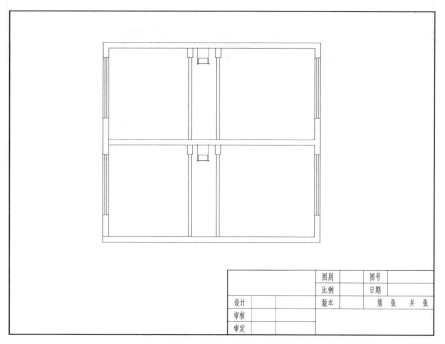

图别			图号		
比例			日期		
设计			版本		第 张 共 张
审核					
审定					

图 6-28　绘制墙体与玻璃

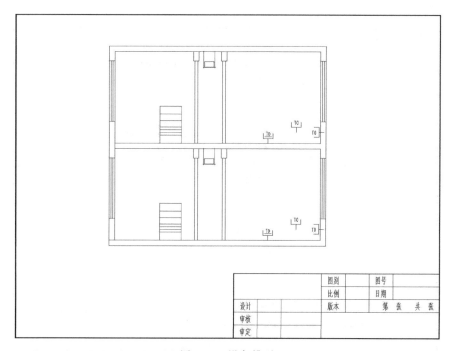

图别			图号		
比例			日期		
设计			版本		第 张 共 张
审核					
审定					

图 6-29　设备排列

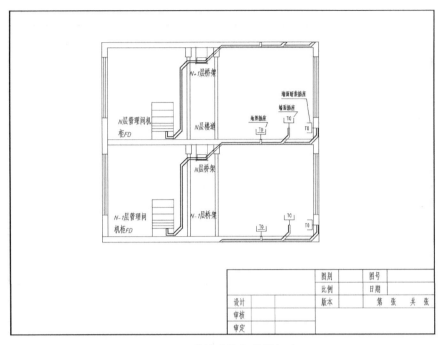

图 6-30　缆线连接与符号标注

第五步：切换图层到"文字层"，利用"多行文字"命令进行文字标注；双击标题栏图块，填写标题栏，如图 6-31 所示。

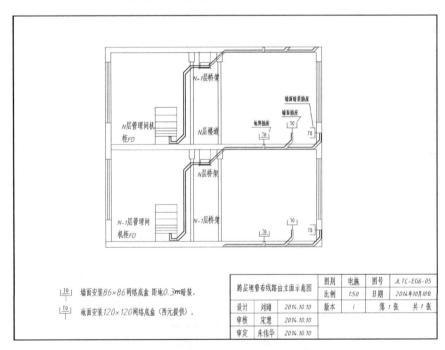

图 6-31　跨层埋管布线路由立面示意图

第六步：命名为"跨层埋管布线路由立面示意图"并保存文件。

6.3 管理间子系统

管理间子系统也称为电信间或者配线间子系统，是专门安装楼层机柜、配线架、交换机和配线设备的楼层管理间，如图 6-32 所示。一般地，管理间子系统设置在每个楼层的中间位置，主要安装建筑物楼层配线设备，管理间子系统也是连接垂直子系统和水平干线子系统的设备。当楼层信息点很多时，可以设置多个管理间。

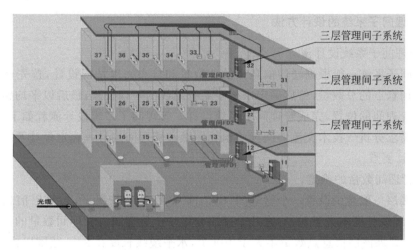

图 6-32 管理间子系统示意图

在综合布线系统中，管理间子系统包括了楼层配线间、二级交接间的缆线、配线架及相关接插跳线等。通过综合布线系统的管理间子系统，可以直接管理整个应用系统终端设备，从而实现综合布线的灵活性、开放性和扩展性。

1. 管理间子系统的设计原则

在管理间子系统的设计中，一般要遵循以下原则。

1）配线架数量确定原则

配线架端口数量应该大于信息点数量，保证全部信息点过来的缆线全部端接在配线架中。在工程中，一般使用 24 口或者 48 口配线架。例如，某楼层共有 64 个信息点，至少应该选配 3 个 24 口配线架，配线架端口的总数量为 72 口，就能满足 64 个信息点缆线的端接需要，这样做比较经济。

有时为了在楼层进行分区管理，也可以选配较多的配线架。例如，上述的 64 个信息点如果分为 4 个区域时，平均每个区域有 16 个信息点时，也需要选配 4 个 24 口配线架，这样每个配线架端接 16 口，预置 8 口，能够进行分区管理和维护方便。

2）标识管理原则

由于管理间缆线和跳线很多，必须对每根缆线进行编号和标识，在工程项目实施中还需要将编号和标识规定张贴在该管理间内，以方便施工和维护。

3）理线原则

管理间缆线必须全部端接在配线架中，完成永久链路安装。在端接前必须先整理全部缆线，预留合适长度，重新做好标记，剪掉多余的缆线，按照区域或者编号顺序绑扎和整理好，通过理线环，然后端接到配线架。不允许出现大量多余缆线、缠绕和绞结在一起。

4）配置不间断电源原则

管理间安装有交换机等有源设备，因此应该设计有不间断电源，或者稳压电源。

5）防雷电措施

管理间的机柜应该可靠接地，以防止雷电以及静电损坏。

2. 管理间子系统的设计方法

1）管理间子系统设计流程

管理间子系统一般根据楼层信息点的总数量和分布密度情况设计，首先确定每个楼层工作区信息点的总数量，然后确定水平子系统缆线的平均长度，最后以平均路由最短的原则确定管理间的位置，完成管理间子系统设计。管理间子系统设计流程如下：

需求分析→技术交流→阅读建筑物图纸和管理间编号→确定设计要求

2）设计要点

（1）管理间数量的确定。

每个楼层一般至少设置一个管理间（电信间）。在特殊情况下，如每层信息点数量较少，且水平缆线长度不大于90m，宜几个楼层合设一个管理间。管理间数量的设置宜按照以下原则：如果该层信息点数量不大于400个，水平缆线长度在90m范围以内，宜设置一个管理间，当超出这个范围时，宜设两个或多个管理间。

在实际工程应用中，为了方便管理和保证网络传输速率或者节省布线成本，例如，像学生公寓这种信息点密集，使用时间集中，楼道很长的工程，也可以按照100～200个信息点设置一个管理间，将管理间机柜明装在楼道。

（2）管理间的面积。

GB 50311—2007中规定管理间使用面积不应小于5㎡，也可根据工程中配线管理和网络管理的容量进行调整。一般新建楼房都有专门的垂直竖井，楼层的管理间基本都设计在建筑物竖井内，面积在3㎡左右。在一般小型网络工程中管理间也可能只是一个网络机柜。

一般旧楼增加网络综合布线系统时，可以将管理间选择在楼道中间位置的办公室，也可以采取壁挂式机柜直接明装在楼道，作为楼层管理间。管理间安装落地式机柜时，机柜前面的净空不应小于800mm，后面的净空不应小于600mm，以方便施工和维修。安装壁挂式机柜时，一般在楼道的安装高度不小于1.8m。

（3）管理间的电源要求。

管理间应提供不少于两个220V带保护接地的单相电源插座。

管理间如果安装电信管理或其他信息网络管理设备时，管理供电应符合相应的设计要求。

（4）管理间门的要求。

管理间应采用外开丙级防火门，门宽大于0.7m。

（5）管理间环境要求。

管理间内温度应为 $10\sim35℃$，相对湿度宜为 $20\%\sim80\%$。一般应该考虑网络交换机等设备发热对管理间温度的影响，在夏季必须保持管理间温度不超过 $35℃$。

3）管理间子系统 AutoCAD 元素绘制举例

"综合布线配线架"块的绘制如下。

第一步：打开 AutoCAD 软件，新建文件。

第二步：切换图层到"设备"层，利用"矩形""直线"等命令，绘制如图 6-33 所示图形。

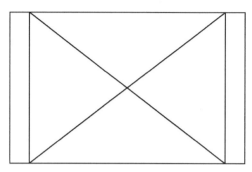

图 6-33　管理间子系统示意图

第三步：执行 W 命令，把"综合布线配线架"块写入本地磁盘中。

3. 管理间子系统施工图设计

1）建筑物竖井内安装

近年来，随着网络的发展和普及，在新建的建筑物中一般每层都考虑设置管理间，并给网络等留有弱电竖井，以便于安装网络机柜等管理设备。在竖井中间安装网络机柜，可方便设备的统一维护和管理。下面举例说明竖井安装施工图的绘制步骤。

第一步：打开 AutoCAD 应用程序，新建文件。

第二步：利用"缩放"命令，对模板文件放大 150 倍。切换图层到"墙层"，利用"直线""偏移"命令，绘制如图 6-34 所示的图形。

第三步：切换图层到"墙层"，绘制房间墙体。

第四步：切换图层到"楼梯层"，利用"插入"→"块"命令插入"楼梯"块；切换图层到"设备间"，利用"插入"→"块"命令，分别插入"管理间机柜"块和各"房间"属性块，如图 6-35 所示。

第五步：切换图层到"缆线层"，利用"多段线"命令，对各"管理间机柜"进行连接；然后切换图层到"符号标注层"，对楼梯进行标注，如图 6-36 所示。

第六步：切换图层到"文字层"，利用"多行文字"命令进行文字标注；双击标题栏图块，填写标题栏，如图 6-37 所示。

第七步：命名为"同层管理间施工示意图"并保存文件。

2）建筑物楼道半嵌墙安装画法

在特殊情况下，需要将管理间机柜半嵌墙安装，机柜露在外的部分主要是便于设备的

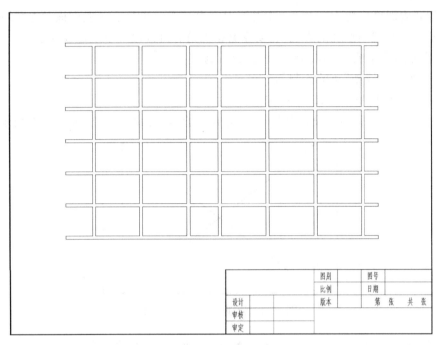

		图别		图号	
		比例		日期	
设计			版本		第 张 共 张
审核					
审定					

图 6-34 绘制墙体

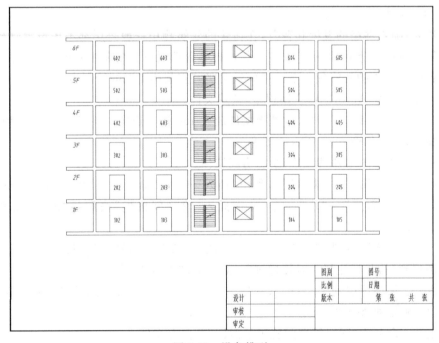

		图别		图号	
		比例		日期	
设计			版本		第 张 共 张
审核					
审定					

图 6-35 设备排列

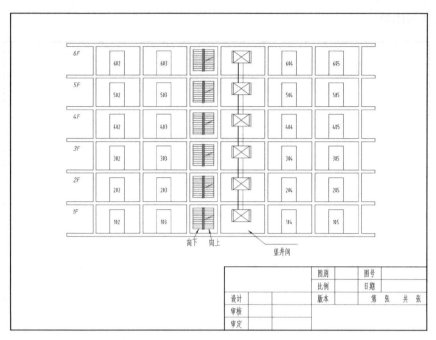

图 6-36 设备连接及符号标注

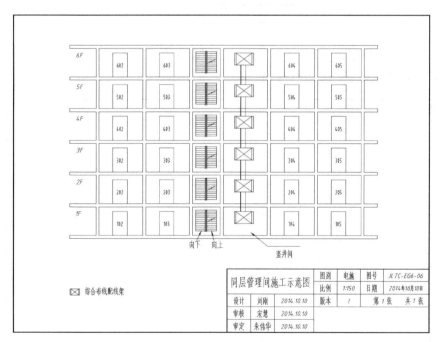

图 6-37 同层管理间施工示意图

散热。这样的机柜需要单独设计、制作，具体安装施工图绘制步骤如下。

第一步：打开 AutoCAD 应用程序，新建文件。

第二步：利用"缩放"命令，对模板文件放大 100 倍。切换图层到"墙层"，绘制如

图 6-38 所示图形。

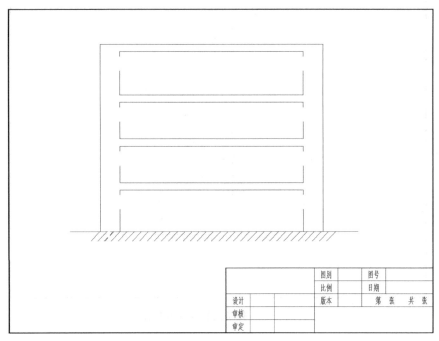

图 6-38　绘制墙体

第三步：切换图层到"设备层"，利用"矩形"命令绘制墙面机柜，再用"插入"→"块"命令，插入"管理间机柜"块，并进行排列，如图 6-39 所示。

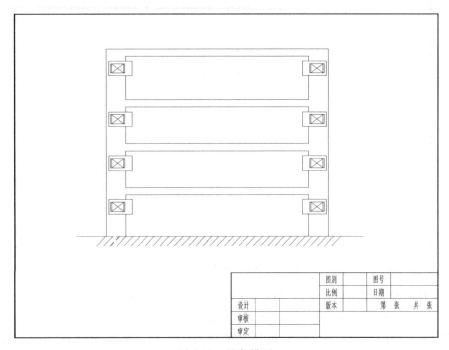

图 6-39　设备排列

第四步：切换图层到"缆线层"，利用"多段线"命令，对各设备进行连接；切换图层到"符号标注层"，利用"多行文字"命令，对墙体中的钢管进行标注，如图 6-40 所示。

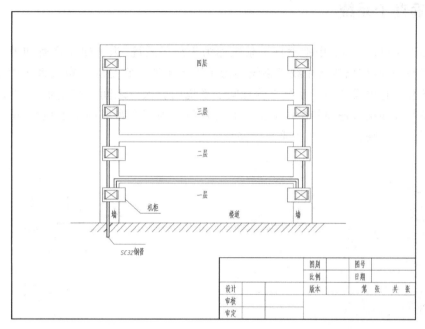

图 6-40 缆线连接与符号标注

第五步：切换图层到"文字层"，利用"多行文字"命令进行文字标注；双击标题栏图块，填写标题栏，如图 6-41 所示。

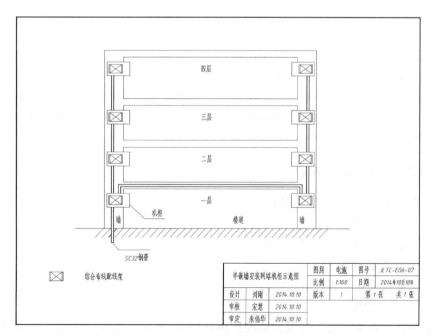

图 6-41 半嵌墙安装网络机柜示意图

第六步：命名为"半嵌墙安装网络机柜示意图"并保存文件。

6.4　垂直子系统

在 GB 50311—2007 中把垂直子系统称为干线子系统，为了便于理解和考虑工程行业的习惯叫法，我们仍然将干线子系统称为垂直子系统。它是综合布线系统中非常关键的组成部分。它由设备间子系统与管理间子系统的引入口之间的布线组成，两端分别连接在设备间和楼层管理间的配线架上。它是建筑物内综合布线的主干缆线，垂直子系统一般使用光缆传输。图 6-42 为垂直子系统示意图。

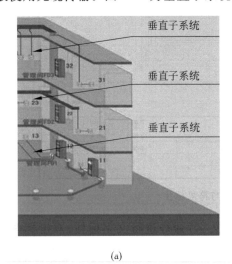
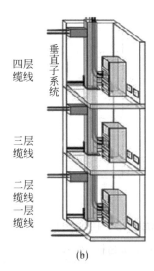

图 6-42　垂直子系统示意图

垂直子系统的布线也是一个星型结构，从建筑物设备间向各个楼层的管理间布线，实现大楼信息流的纵向连接。在实际工程中，大多数建筑物都是垂直向高空发展的，因此很多情况下会采用垂直型的布线方式。但是也有很多建筑物是横向发展，如飞机场候机厅、工厂仓库等建筑，这时也会采用水平型的主干布线方式。因此，主干线缆的布线路由既可能是垂直型的，也可能是水平型的，或是两者的综合。

1. 垂直子系统的设计原则

在垂直子系统中，一般要遵循以下原则。

1）星型拓扑结构原则

垂直子系统必须为星型网络拓扑结构。

2）保证传输速率原则

垂直子系统首先考虑传输速率，一般选用光缆。

3）无转接点原则

由于垂直子系统中的光缆或者电缆路由比较短，而且跨越楼层或者区域，因此在布线路由中不允许有接头或者 CP 集合点等各种转接点。

4）语音和数据电缆分开原则

在垂直子系统中,语音和数据往往用不同种类的缆线传输,语音电缆一般使用大对数电缆,而数据一般使用光缆,但是在基本型综合布线系统中也常常使用电缆。由于语音和数据传输时的工作电压和频率不相同,往往语音电缆的工作电压高于数据电缆的工作电压。因此,为了防止语音传输对数据传输的干扰,必须遵守语音电缆和数据电缆分开的原则。

5）大弧度拐弯原则

垂直子系统主要使用光缆传输数据,同时对数据传输速率要求高,涉及终端用户多,一般会涉及一个楼层的很多用户,因此在设计时,垂直子系统的缆线应该垂直安装,如果在路由中间或者出口处需要拐弯时,不能直角拐弯布线,必须设计大弧度拐弯,以保证缆线的曲率半径和布线方便。

6）满足整栋大楼需求原则

由于垂直子系统连接大楼的全部楼层或者区域,不仅要能满足信息点数量少、速率要求低楼层用户的需要,更要保证信息点数量多,传输速率高楼层的用户要求。因此,在垂直子系统的设计中一般选用光缆,并且需要预留备用缆线,在施工中要规范施工和保证工程质量,最终保证垂直子系统能够满足整栋大楼各个楼层用户的需求和扩展需要。

7）布线系统安全原则

由于垂直子系统涉及每个楼层,并且连接建筑物的设备间和楼层管理间交换机等重要设备,布线路由一般使用金属桥架,因此在设计和施工中要加强接地措施,预防雷电击穿破坏,还要防止缆线遭破坏等措施,并且注意与强电保持较远的距离,以防止电磁干扰等。

2. 垂直子系统的设计方法

1）垂直子系统设计流程

垂直子系统的设计步骤一般为,首先进行需求分析,与用户进行充分的技术交流,了解建筑物用途,然后要认真阅读建筑物设计图纸,确定建筑物竖井、设备间和管理间的具体位置,再进行初步规划和设计,确定垂直子系统布线路径,最后进行确定布线材料规格和数量,列出材料规格和数量统计表。垂直子系统的设计流程如图 6-43 所示。

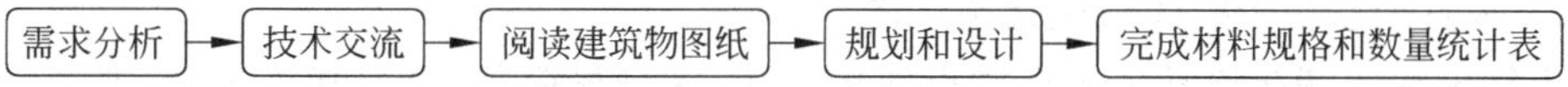

需求分析 → 技术交流 → 阅读建筑物图纸 → 规划和设计 → 完成材料规格和数量统计表

图 6-43 垂直子系统的设计流程

垂直子系统的线缆直接连接着几十或几百个用户,一旦干线电缆发生故障,则影响巨大。因此,必须十分重视干线子系统的设计工作。

2）设计要点

（1）确定缆线类型。

垂直子系统缆线主要有光缆和铜缆两种类型,要根据布线环境的限制和用户对综合布线系统设计等级的考虑确定。垂直子系统所需要的电缆总对数和光纤总芯数,应满足工程的实际需求,并留有适当的备份容量。主干缆线宜设置电缆与光缆,并互相作为备份路由。

（2）垂直子系统路径的选择。

垂直子系统主干缆线应选择最短、最安全和最经济的路由，一端与建筑物设备间连接，另一端与楼层管理间连接。路由的选择要根据建筑物的结构以及建筑物内预留的电缆孔、电缆井等通道位置而决定。建筑物内一般有封闭型和开放型两类通道，宜选择带门的封闭型通道敷设垂直缆线。开放型通道是指从建筑物的地下室到楼顶的一个开放空间，中间没有任何楼板隔开。封闭型通道是指一连串上下对齐的空间，每层楼都有一间，电缆竖井、电缆孔、管道电缆、电缆桥架等穿过这些房间的地板层。

（3）缆线容量配置。

主干电缆和光缆所需的容量要求及配置应符合以下规定。

① 语音业务，大对数主干电缆的对数应按每一个电话8位模块通用插座配置一对线，并在总需求线对的基础上至少预留约10%的备用线对。

② 对于数据业务每个交换机至少应该配置一个主干端口。主干端口为电端口时，应按4对线容量，为光端口时则按2芯光纤容量配置。

③ 当工作区至电信间的水平光缆延伸至设备间的光配线设备（BD/CD）时，主干光缆的容量应包括所延伸的水平光缆光纤的容量在内。

（4）垂直子系统缆线敷设保护方式。

① 缆线不得布放在电梯或供水、供气、供暖管道竖井中，也不应布放在强电竖井中。

② 电信间、设备间、进线间之间干线通道应沟通。

（5）垂直子系统干线线缆交接。

为了便于综合布线的路由管理，干线电缆、干线光缆布线的交接不应多于两次。从楼层配线架到建筑群配线架之间只应通过一个配线架，即建筑物配线架（在设备间内）。当综合布线只用一级干线布线进行配线时，放置于线配线架的二级交接间可以并入楼层配线间。

（6）垂直子系统干线线缆端接。

干线电缆可采用点对点端接，也可采用分支递减端接连接。

3. 垂直子系统施工图设计

1）垂直子系统干线缆线端接施工图

干线电缆的端接通常采用点对点端接方式，这是最简单、最直接的方法，垂直子系统每根干线电缆直接延伸到指定的楼层配线管理间或二级交接间。点对点端接方式施工图绘制步骤如下。

第一步：打开AutoCAD应用程序，新建文件。

第二步：利用"缩放"命令，对模板文件放大150倍。切换图层到"墙层"，利用"直线""偏移"命令绘制墙体；切换图层到"楼梯层"，利用"插入"→"块"命令，插入楼梯块，如图6-44所示。

第三步：切换图层到"设备层"，利用"插入"→"块"命令，插入"管理间机柜"块，并进行排列，然后在图中绘制设备间示意图，如图6-45所示。

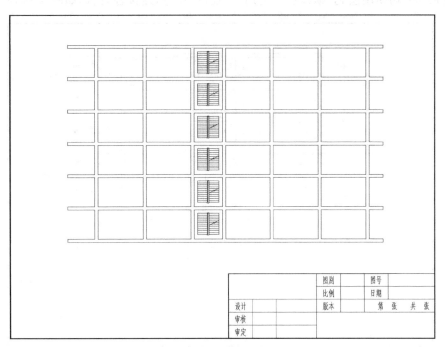

图 6-44　绘制墙体

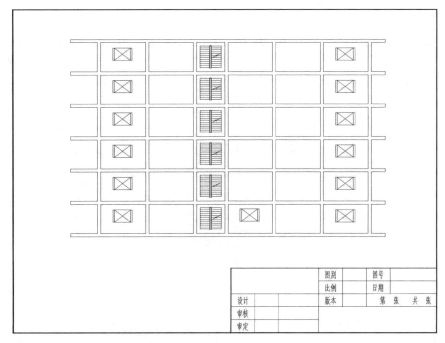

图 6-45　设备排列

第四步：切换图层到"缆线层"，利用"多线段"命令，连接各设备，如图 6-46 所示。

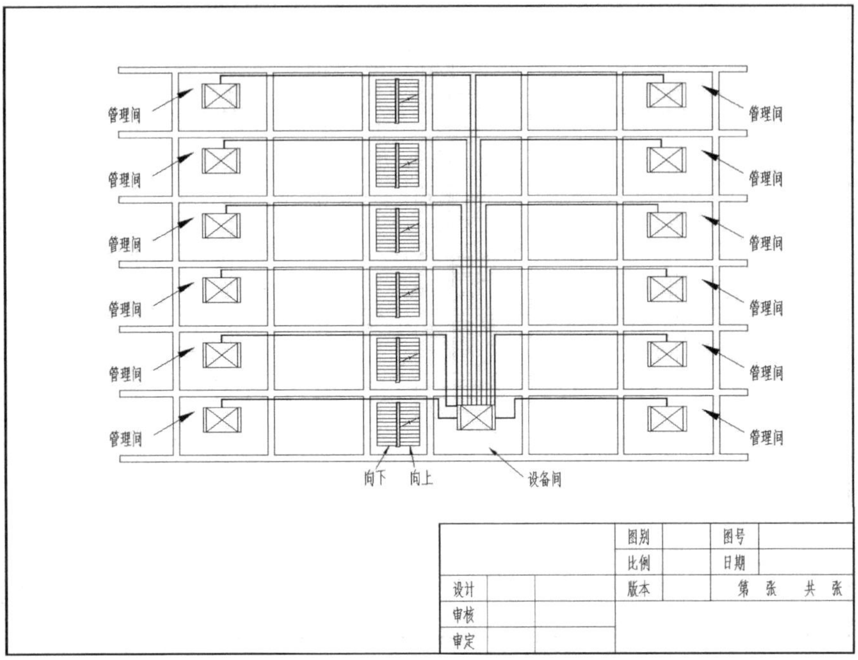

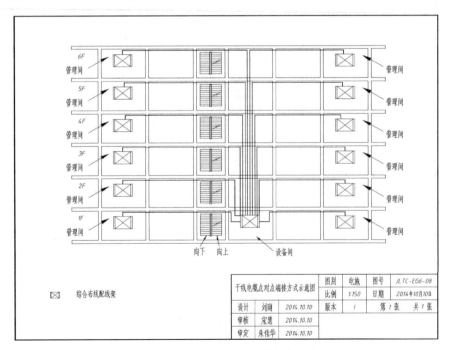

图 6-46　缆线连接

第五步：切换图层到"文字层"，利用"多行文字"命令进行文字标注；双击标题栏图块，填写标题栏，如图 6-47 所示。

图 6-47　干线电缆点对点端接方式示意图

第六步：命名为"干线电缆点对点端接方式示意图"并保存文件。

分支递减端接是用一根足以支持若干个楼层配线管理间或若干个二级交接间的通信容量的大容量干线电缆，经过电缆接头交接箱分出若干根小电缆，再分别延伸到每个二级交接间或每个楼层配线管理，最后端接到目的地的连接硬件上。干线电缆分支接合方式如图 6-48 所示。

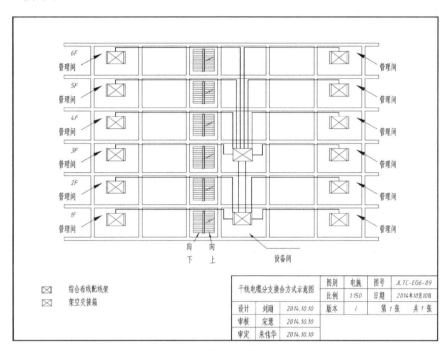

图 6-48　干线电缆分支接合方式示意图

2）楼层间双干线电缆管道施工图

如果一幢大楼的配线间上下不对齐，则可采用大小合适的缆线管道系统将其连通。楼层间管道施工图绘制步骤如下。

第一步：打开 AutoCAD 应用程序，新建文件。

第二步：利用"缩放"命令，对模板文件放大 150 倍。切换图层到"墙层"，利用"直线""偏移"等命令绘制墙体；切换图层到"楼梯层"，利用"插入"→"块"命令，插入楼梯块，如图 6-49 所示。

第三步：切换图层到"设备层"，利用"插入"→"块"命令，插入"管理间机柜"块，并进行排列，然后在图中绘制设备间示意图，如图 6-50 所示。

第四步：切换图层到"管道层"，利用"多线段"命令，连接各设备；切换图层到"符号标注层"，对竖井等标注，如图 6-51 所示。

第五步：切换图层到"文字层"，利用"多行文字"命令进行文字标注；双击标题栏图块，填写标题栏，如图 6-52 所示。

第六步：命名为"双干线电缆通道施工示意图"并保存文件。

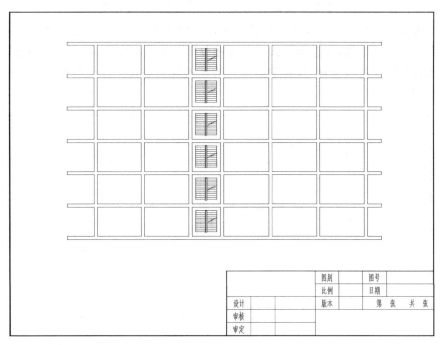

图 6-49　绘制墙体

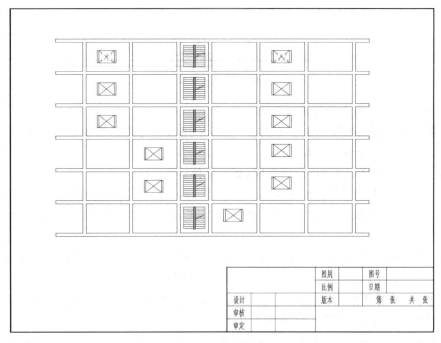

图 6-50　设备排列

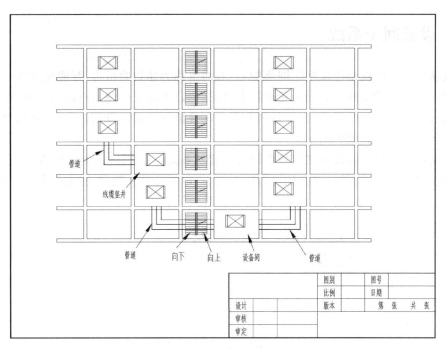

图 6-51　缆线连接与符号标注

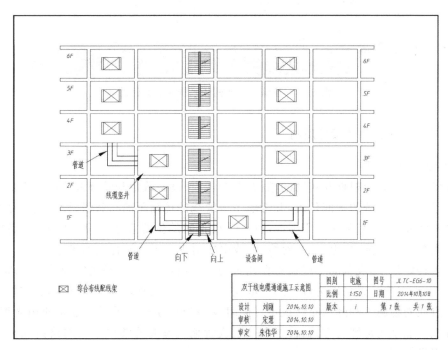

图 6-52　双干线电缆通道施工示意图

6.5 设备间子系统

设备间子系统就是建筑物的网络中心,有时也称为建筑物机房,智能建筑物一般都有独立的设备间。设备间子系统是建筑物中数据、语音垂直主干缆线终接的场所,也是建筑群的缆线进入建筑物的场所,还是各种数据和语音设备及保护设施的安装场所,更是网络系统进行管理、控制、维护的场所。

设备间子系统一般设在建筑物中部或在建筑物的一、二层,避免设在顶层,而且要为以后的扩展留下余地,同时对面积、门窗、天花板、电源、照明、散热、接地等有一定的要求。图 6-53 为建筑物设备间子系统实际应用案例图。

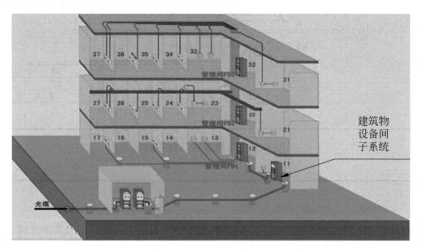

图 6-53　建筑物设备间子系统实际案例图

1. 设备间子系统的设计原则

1) 位置合适原则

设备间的位置应根据建筑物的结构、布线规模、设备数量和管理方式综合考虑。设备间宜处于干线子系统的中间位置,并考虑主干缆线的传输距离与数量,设备间宜尽可能靠近建筑物竖井位置,有利于主干缆线的引入,设备间的位置宜便于设备接地,设备间还要尽量远离高低压变配电、电机、X 射线、无线电发射等有干扰源存在的场地。

在工程设计中,设备间一般设置在建筑物一层或者地下室,位置宜与楼层管理间距离近,并且上下对应。这是因为设备间一般使用光缆与楼层管理间设备连接,比较短和很少的拐弯方便光缆施工和降低布线成本。同时设备间与建筑群子系统也是使用光缆连接,布线方式一般常用地埋管方式,设置在一层或者地下室时能够以较短的路由或者较低的成本实现光缆进入。

2) 面积合理原则

设备间面积大小,应该考虑安装设备的数量和维护管理方便。如果面积太小,后期可能出现设备安装拥挤,不利于空气流通和设备散热。设备间内应有足够的设备安装空间,其使用面积不应小于 20m²。特别要预留维修空间,方便维修人员操作,机架或机柜前面的净空不应小于 800mm,后面的净空不应小于 600mm。

3）数量合适原则

每栋建筑物内应至少设置一个设备间,如果电话交换机与网络设备分别安装在不同的场地或根据安全需要,也可设置 2 个或 2 个以上设备间,以满足不同业务的设备安装需要。

4）外开门原则

设备间入口门采用外开双扇门,门宽不应小于 1.5m。

5）配电安全原则

设备间的供电必须符合相应的设计规范,例如,设备专用电源插座,维修和照明电源插座,接地排等。

6）环境安全原则

设备间室内环境温度应为 10℃～35℃,相对湿度应为 20％～80％,并应有良好的通风。设备间应有良好的防尘措施,防止有害气体侵入,设备间梁下净高不应小于 2.5m,有利于空气循环。

设备间空调应该具有断电自起功能,如果出现临时停电,来电后能够自动重启,不需要管理人员专门启动。设备间空调容量的选择既要考虑工作人员,更要考虑设备散热,还要具有备份功能,一般必须安装两台,一台使用,一台备用。

7）标准接口原则

建筑物综合布线系统与外部配线网连接时,应遵循相应的接口标准要求。

2. 设备间子系统的设计方法

1）设备间子系统的设计流程

在设计设备间时,设计人员应与用户方一起商量,根据用户方要求及现场情况具体确定设备间的最终位置。只有确定了设备间位置后,才可以设计综合布线的其他子系统。用户需求分析时,确定设备间的位置是一项重要的工作内容。此外,还要与用户进行技术交流,最终确定设计要求。设备间子系统设计流程如图 6-54 所示。

需求分析 → 技术交流 → 阅读建筑物图纸和管理间编号 → 确定设计要求

图 6-54 设备间子系统的设计流程

2）设计要点

（1）设备间的位置。

设备间的位置及大小应根据建筑物的结构、综合布线规模、管理方式以及应用系统设备的数量等方面进行综合考虑,择优选取。一般而言,设备间应尽量建在建筑平面及其综合布线干线综合体的中间位置。在高层建筑内,设备间也可以设置在一层或二层。

（2）设备间的面积。

设备间的使用面积要考虑所有设备的安装面积,还要考虑预留工作人员管理操作设备的地方,一般最小使用面积不得小于 20m²。

设备间的使用面积可按照下述两种方法之一确定。

方法一：已知 S_b 为设备，所占面积（m²），S 为设备间的使用总面积（m²），$S = (5 \sim 7)\sum ES_b$。

方法二：当设备尚未选型时，则设备间使用总面积 S 为 $S = KA$。其中，A 为设备间的所有设备台（架）的总数，K 为系数，取值（4.5~5.5）m²/台（架）。

（3）设备间的建筑结构。

设备间的建筑结构主要依据设备大小、设备搬运以及设备重量等因素而设计。设备间的高度一般为 2.5~3.2m。设备间门的大小至少为高 2.1m、宽 1.5m。

设备间一般安装有不间断电源的电池组，由于电池组非常重，因此对楼板承重设计有一定的要求，一般分为两级，A 级 ≥500kg/m²，B 级 ≥300kg/m²。

（4）设备间的环境要求。

设备间内安装有计算机、网络设备、电话程控交换机、建筑物自控设备等硬件设备。这些设备的运行需要相应的温度、湿度、供电、防尘等要求。设备间内的环境设置可以参照国家计算机用房设计标准《GB 50174—93 电子计算机机房设计规范》、程控交换机的《CECS09：89 工业企业程控用户交换机工程设计规范》等相关标准及规范。

（5）设备间的管理。

设备间内的设备种类繁多，而且缆线布设复杂。为了管理好各种设备及线缆，设备间内的设备应分类分区安装，设备间内所有进出线装置或设备应采用不同色标，以区别各类用途的配线区，方便线路的维护和管理。

（6）缆线敷设方式。

① 活动地板方式。

该方式是缆线在活动地板下的空间敷设，由于地板下空间大，因此电缆容量和条数多，节省电缆费用，缆线敷设和拆除均简单方便，能适应线路增减变化，有较高的灵活性，便于维护管理。但造价较高，会减少房屋的净高，对地板表面材料也有一定要求，如耐冲击性、耐火性、抗静电、稳固性等。

② 地板或墙壁沟槽方式。

该方式是缆线在建筑中预先建成的墙壁或地板内沟槽中敷设，沟槽的断面尺寸大小根据缆线终期容量来设计。这种方式造价较活动地板低，便于施工和维护，利于扩建，但沟槽设计和施工必须与建筑设计和施工同时进行，在配合协调上较为复杂。沟槽方式因是在建筑中预先制成，因此在使用中会受到限制，缆线路由不能自由选择和变动。

③ 预埋管路方式。

该方式是在建筑的墙壁或楼板内预埋管路，其管径和根数根据缆线需要来设计。穿放缆线比较容易，维护、检修和扩建均有利，造价低廉，技术要求不高，是最常用的方式。

④ 机架走线架方式。

这种方式是在设备或者机架上安装桥架或槽道的敷设方式，桥架和槽道的尺寸根据缆线需要设计，可以在建成后安装，便于施工和维护，也有利于扩建。机架上安装桥架或槽道时，应结合设备的结构和布置来考虑，在层高较低的建筑中不宜使用。

（7）安全分类。

设备间的安全分为 A、B、C 三个类别。

A 类：对设备间的安全有严格的要求，设备间有完善的安全措施。

B 类：对设备间的安全有较严格的要求，设备间有较完善的安全措施。

C 类：对设备间的安全有基本的要求，设备间有基本的安全措施。

根据设备间的要求，设备间安全可按某一类执行，也可按某些类综合执行。综合执行是指一个设备间的某些安全项目可按不同的安全类型执行。例如，某设备间按照安全要求可选防电磁干扰 A 类，火灾报警及消防设施为 B 类。

（8）其他规范。

设备间的防火结构、散热要求、接地要求及内部装饰材料也应符合相关的国家标准。

3）防雷器符号的绘制

绘制如图 6-55 所示图形，命名为"防雷器"块并保存。

图 6-55　防雷器

3. 设备间子系统施工图设计实例

1）设备间布局设计图

在进行设备间布局时，一定要将安装设备区域和管理人员办公区分开考虑，单独设计设备间，这样不但便于管理人员的办公，而且便于设备的维护。设备间安装设备区域布局设计图绘制步骤如下。

第一步：打开 AutoCAD 应用程序，新建文件。

第二步：利用"缩放"命令，对模板文件放大 40 倍。切换图层到"墙层"，绘制墙体；切换图层到"门窗层"，利用"直线""偏移"等命令绘制玻璃窗，利用"插入"→"块"命令，插入"双开门"块，如图 6-56 所示。

第三步：切换图层到"设备层"，利用"插入"→"块"命令，插入"空调""防雷器""网络机柜"等块；利用"矩形"命令绘制几个矩形，分别作为网络机柜预留位置以及 UPS 电源，如图 6-57 所示。

第四步：切换图层到"文字层"，利用"多行文字"命令进行文字标注；双击标题栏图块，填写标题栏，如图 6-58 所示。

第五步：命名为"设备间布局平面图"并保存文件。

2）设备间预埋管路图

设备间的布线管道一般采用暗敷预埋方式。绘制设备间预埋管路施工图步骤如下。

第一步：打开 AutoCAD 应用程序，新建文件。

第二步：利用"缩放"命令，对模板文件放大 150 倍。切换图层到"墙层"，绘制墙体结构，切换图层到"设备层"，利用"插入"→"块"命令，插入各种设备块，如图 6-59 所示。

第三步：切换图层到"标注层"，对图形外围尺寸进行标注，如图 6-60 所示。

第四步：切换图层到"管路层"，利用"多段线"命令，绘制预埋管路，如图 6-61 所示。

第五步：切换图层到"文字层"，利用"多行文字"命令进行文字标注；双击标题栏图块，填写标题栏，如图 6-62 所示。

第六步：命名为"设备间预埋管路施工图"并保存文件。

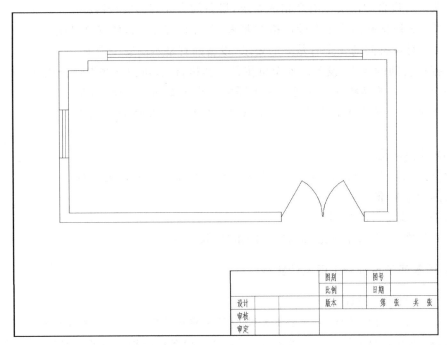

图 6-56 绘制房屋结构

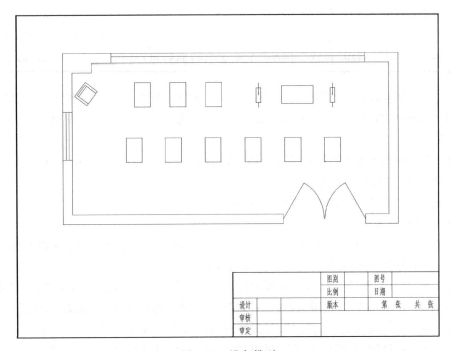

图 6-57 设备排列

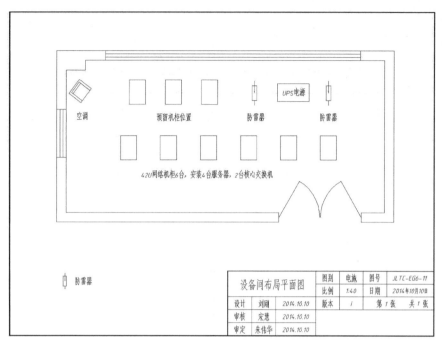

图 6-58 设备间布局平面图

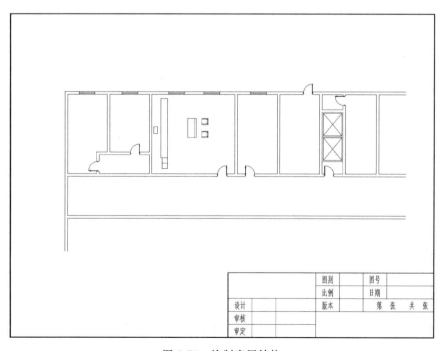

图 6-59 绘制房屋结构

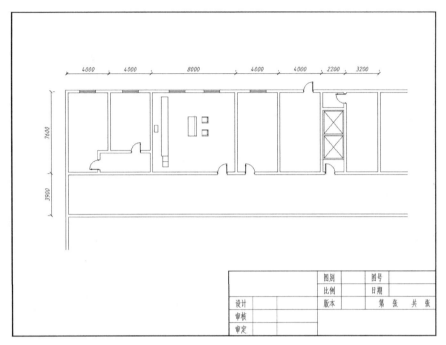

图 6-60　标注外围尺寸

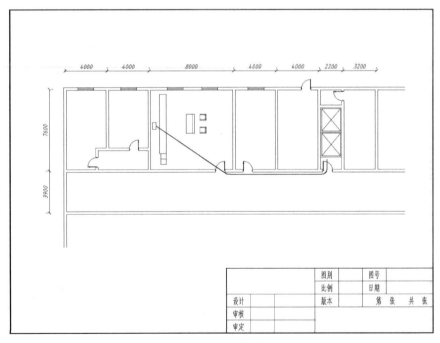

图 6-61　绘制管路

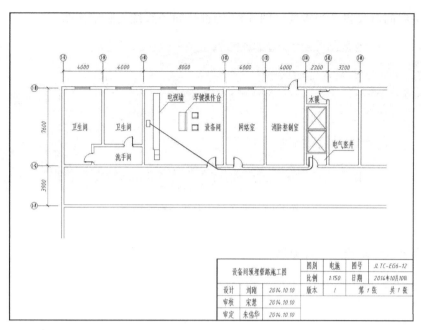

图 6-62 设备间预埋管路施工图

6.6 建筑群和进线间子系统

建筑群子系统也称为楼宇子系统，主要实现建筑物与建筑物之间的通信连接，一般采用光缆并配置光纤配线架等相应设备，它支持楼宇之间通信所需的硬件，包括缆线、端接设备和电气保护装置，图 6-63 为建筑群子系统工程实际案例图。设计时应考虑布线系统周围的环境，确定建筑物之间的传输介质和路由，并使线路长度符合相关网络标准规定。

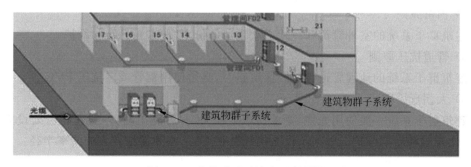

图 6-63 建筑群子系统实际案例图

进线间是建筑物外部通信和信息管线的入口部位，并可作为入口设施和建筑群配线设备的安装场地。进线间是 GB 50311—2007 国家标准在系统设计内容中专门增加的，要求在建筑物前期系统设计中要增加进线间，满足多家运营商业务需要。进线间一般通过地埋管线进入建筑物内部，宜在土建阶段实施。进线间主要作为室外电、光缆引入楼内的成端与分支及光缆的盘长空间位置。对于光缆至大楼、至用户、至桌面的应用及容量日益增多,进线间就显得尤为重要。图 6-64 为进线间子系统实际案例图。

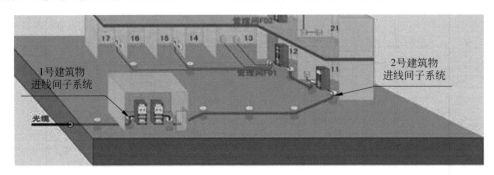

图 6-64　进线间子系统实际案例图

1. 建筑群子系统的设计原则

在设计建筑群子系统时,一般要遵循以下原则。

1) 地下埋管原则

建筑群子系统的室外缆线,一般通过建筑物进线间进入大楼内部的设备间,室外距离比较长,设计时一般选用地埋管道穿线或者电缆沟敷设方式。也有在特殊场合使用直埋方式,或者架空方式。

2) 远离高温管道原则

建筑群的光缆或者电缆,经常在室外部分或者进线间需要与热力管道交叉或者并行,遇到这种情况时,必须保持较远的距离,避免高温损坏缆线或者缩短缆线的寿命。

3) 远离强电原则

园区室外地下埋设有许多 380V 或者 10000V 的交流强电电缆,这些强电电缆的电磁辐射非常大,网络系统的缆线必须远离这些强电电缆,避免对网路系统的电磁干扰。

4) 预留原则

建筑群子系统的室外管道和缆线必须预留备份,方便未来升级和维护。

5) 管道抗压原则

建筑群子系统的地埋管道穿越园区道路时,必须使用钢管或者抗压 PVC 管。

6) 大拐弯原则

建筑群子系统一般使用光缆,要求拐弯半径大,实际施工时,一般在拐弯处设立接线井,方便拉线和后期维护。如果不设立接线井拐弯时,必须保证较大的曲率半径。

2. 进线间子系统的设计原则

在设计进线间子系统时,一般要遵循以下原则。

1) 地下设置原则

进线间一般应该设置在地下或者靠近外墙,以便于缆线引入,且与布线垂直竖井连通。

2) 空间合理原则

进线间应满足缆线的敷设路由、端接位置及数量、光缆的盘长空间和缆线的弯曲半径、充气维护设备、配线设备安装所需要的场地空间和面积,大小应按进线间的进出管道容量及入口设施的最终容量设计。

3）满足多家运营商需求原则

应考虑满足多家电信业务经营者安装入口设施等设备的面积。

4）共用原则

在设计和安装时,进线间应该考虑通信、消防、安防、楼控等其他设备以及设备安装空间。例如,安装配线设备和信息通信设施时,应符合设备安装设计的要求。

5）安全原则

进线间应设置防有害气体措施和通风装置,排风量按每小时不小于 5 次容积计算,入口门应采用相应防火级别的防火门,门向外开,宽度不小于 1000mm,同时与进线间无关的水暖管道不宜通过。

3. 建筑群子系统的设计方法

建筑群子系统主要应用于多幢建筑物组成的建筑群综合布线工程,设计时主要考虑布线路由等内容。建筑群子系统应按下列要求进行设计。

1）考虑环境美化要求

建筑群主干布线子系统设计应充分考虑建筑群覆盖区域的整体环境美化要求,建筑群干线电缆尽量采用地下管道或电缆沟敷设方式。因客观原因最后选用了架空布线方式的,也要尽量选用原已架空布设的电话线或有线电视电缆的路由,干线电缆与这些电缆一起敷设,以减少架空敷设的电缆线路。

2）考虑建筑群未来发展需要

在布线设计时,要充分考虑各建筑需要安装的信息点种类、信息点数量,选择相对应的干线光缆类型以及敷设方式,使综合布线系统建成后,保持相对稳定,能满足今后一定时期内各种新的信息业务发展需要。

3）路由的选择

考虑到节省投资,路由应尽量选择距离短、线路平直的路由。但具体的路由还要根据建筑物之间的地形或敷设条件而定。在选择路由时,应考虑原有已铺设的地下各种管道,在管道内应与电力线缆分开敷设,并保持一定间距。

4）电缆引入要求

建筑群干线光缆进入建筑物时,都要设置引入设备,并在适当位置终端转换为室内电缆、光缆。引入设备应安装必要保护装置以达到防雷击和接地的要求。干线光缆引入建筑物时,应以地下引入为主,如果采用架空方式,应尽量采取隐蔽方式引入。

5）干线电缆、光缆交接要求

建筑群的主干光缆布线的交接不应多于两次。

6）建筑群子系统缆线的选择

建筑群子系统敷设的缆线类型及数量由连接应用系统种类及规模来决定。计算机网络系统常采用光缆,经常使用 $62.5\mu m/125\mu m$ 规格的多模光纤,户外布线大于 2km 时可选用单模光纤。

电话系统常采用 3 类大对数电缆,为了适合于室外传输,电缆还覆盖了一层较厚的外层皮。3 类大对数双绞线根据线对数量分为 25 对、50 对、100 对、250 对、300 对等规格,要根据电话语音系统的规模来选择 3 类大对数双绞线相应的规格及数量。

有线电视系统常采用同轴电缆或光缆作为干线电缆。

7）缆线的保护

当缆线从一建筑物到另一建筑物时,易受到雷击、电源碰地、感应电压等影响,必须进行保护。如果铜缆进入建筑物时,按照 GB 50311—2007 的强制性规定必须增加浪涌保护器。

4. 建筑群子系统的设计实例

1）地埋布线施工图

地埋管道布线是一种由管道和入孔组成的地下系统,它把建筑群的各个建筑物进行互连。一根或多根管道通过基础墙进入建筑物内部的结构。地下管道对电缆起到很好的保护作用,因此电缆受损坏的机会减小,且不会影响建筑物的外观及内部结构。地埋布线方式施工图如图 6-65 所示。

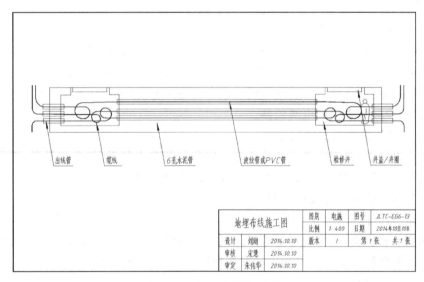

图 6-65　地埋布线施工图

2）室外管道铺设图

在设计建筑群子系统的埋管图时,一定要根据建筑物之间数据或语音信息点的数量来确定埋管规格。

注意：室外管道进入建筑物的最大管外径不宜超过 100mm。建筑群之间预埋管路施工图如图 6-66 所示。

3）室外架空图

建筑物之间线路的连接还有一种方式就是架空方式,多应用于有现成电线杆、对电缆的直线方式无特殊要求的场合。这种布线方式造价较低,但影响环境美观且安全性和灵活性不足。架空布线法要求用电线杆将缆线在建筑物之间悬空架设,先架设钢丝绳,然后

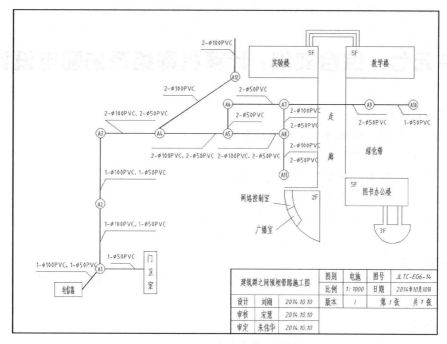

图 6-66　建筑群之间预埋管路施工图

在钢丝绳上挂放缆线。架空布线使用的主要材料和配件有缆线、钢缆、固定螺栓、固定拉攀、预留架、U 形卡、挂钩、标志管等，在架设时需要使用滑车、安全带等辅助工具。架空布线法施工图如图 6-67 所示。

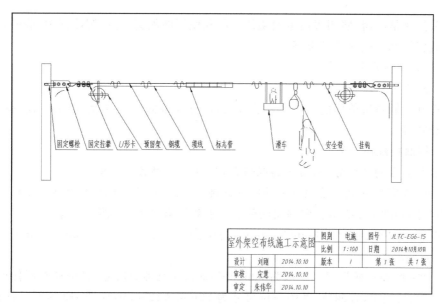

图 6-67　室外架空施工示意图

单元七 综合实训：计算机网络系统配电设计

【学习目标】

(1) 了解照明系统配件分类与选用原则。

(2) 掌握照明系统配电设计方法。

(3) 了解防雷与接地系统的构成与分类。

(4) 掌握防雷接地系统的设计方法。

(5) 独立完成配电系统图与施工图的设计绘制。

(6) 独立完成防雷接地系统的施工图设计绘制。

【实训内容】

在计算机网络系统中，各种弱电网络设备需要强电系统的支撑才可正常工作。强电设计通常是与弱电设计同时期甚至早于弱电设计进行的，强电系统包含了供配电系统、照明系统、防雷接地系统、应急照明系统等各种功能不同的系统。本次实训要求设计强电系统配电以及完成强电系统配电的施工图纸绘制。

7.1 计算机网络系统供配电与照明控制

1. 开关插座分类及选用原则

开关插座是电器、照明等用电设施的控制和使用的配套产品，智能开关、墙壁开关、暗装开关插座等都是很常见的类型。

1) 开关插座分类常识

(1) 按其安装方式分类。

根据开关插座所使用的场合及安装方式，可分为墙面明装式、墙面暗装式、移动式及地板暗装式等。

(2) 按面板规格分类。

按照其面板的外形分类，常用的规格有 86 型、118 型和 120 型。

86 型：大家最常见的墙面开关插座的外观是方的，形式为面板尺寸为 86mm×86mm 或类似尺寸，如图 7-1 所示。中国及国际上大多数国家采用该规格形式。

118 型：面板尺寸为 118mm×75mm，衍生产品为 154mm×75mm、195mm×75mm 等，如图 7-2 所示。

120 型：墙面式面板尺寸一般为 70mm×120mm 或类似尺寸，其中还有延伸产品，比如：长三位、长四位、方四位，其中一位尺寸为 70mm×120mm，如图 7-3 所示。该产品在日本、韩国等国家采用较多，在我国也有部分区域采用该形式产品。

120 型的另一种形式为地板暗装式，尺寸为 120mm×120mm，如图 7-4 所示。

图 7-1　86 型墙面暗装插座

图 7-2　118 型墙面暗装插座

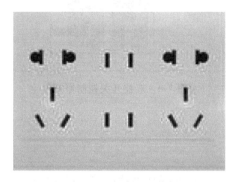

图 7-3　120 型墙面明装插座

图 7-4　120 型地板暗装插座

此外，还有 75 型、146 型等规格应用较少，此处不再详细介绍。

（3）按功能分类。

开关可分为一开、两开、三开、四开等，也可称为单联、双联、三联、四联或一位、二位、三位、四位等，几个开关并列在一个面板上控制不同的灯，俗称多位开关，如图 7-5 所示。插座按其最大工作电流可分为 10A、16A 和 25A，按插孔类型可分为三孔、五孔、七孔、十孔等，还有附带开关的如单开三孔、双开五孔等，如图 7-6 所示。

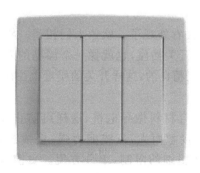

图 7-5　三位开关

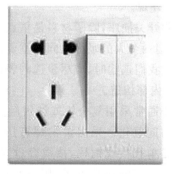

图 7-6　双开五孔

开关根据其控制方式又分为单控和双控。例如，一开单控、一开双控和二开双控。

单控开关：只能在一个地方开或关。一只开关控制一只灯，二只开关控制不同的两只灯,三只开关控制不同的三只灯,四只开关控制不同的四只灯,开关控制原理如图 7-7 所示。

双控开关:可以在不同的两个地方控制一只灯,如房间的门口和床头,楼梯口、大厅等,需预先布好线,可以实现一个地方开,另外一个地方关闭。单控不可当双控用,双控可单控用,开关控制原理如图 7-8 所示。

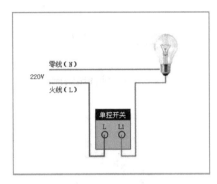

图 7-7 单控开关控制原理

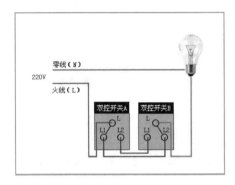

图 7-8 双控开关控制原理

2)开关插座选用原则

开关插座在选购时应遵循以下原则。

(1)材料。

选购开关插座,首先要看开关插座的材料。材料就同高楼的地基一样,如果开关插座的材料就不好,相信无论开关插座的设计和外观多么合理,那么就安全问题这一点,也足以让我们不去购买它。

优质开关的面板所使用的材料,在阻燃性、绝缘性、抗冲击性和防潮性等方面都十分出色,材质稳定性强,不易变色,对于开关插座的材料,国家都有相应的标准。

随着工艺的进步,开关面板除了采用高级塑料之外,也有镀金、不锈钢、铜等金属材质,为人们提供了越来越多的选择,在外观上也更加让人赏心悦目。但谨记在干燥环境中不宜使用金属面板,这样在冬季身体的静电会让你产生触电的感觉。

(2)外观。

选购开关插座,除了材料是重点外,当然也要看外观了。就像人们相亲一样,人品固然重要,但两个人的眼缘也同样重要。外观好的开关插座,也就像一个漂亮的人一样,让人喜爱。我们选购时,应尽量选购表面光滑,做工精良的,这样开关的质量也往往比较好。

(3)内部构造。

开关通常采用复合银或纯银触点与银铜复合材料做导电桥,这样可防止开关启闭时电弧引起氧化。采用黄铜螺钉压线的开关,接触面大,压线能力强,接线稳定可靠。而如果是单孔接线铜柱,接线容量大,不受导线粗细的限制,十分方便。目前采用这一铜柱接线方式的品牌不多,国外品牌一般采用卡接式或在材料上做文章,大家要多加留意。

温馨提示:铜柱接线方式,接线螺钉的材质也很重要,目前很多品牌的个别系列虽然也采用这种方式,但通过偷工减料来赢得价格优势,例如,采用铁质材料来代替铜材料,从而影响产品的导热性和通电安全性，造成严重的安全隐患。

我们选购开关插座时，虽然看不到上述的内部构造，但可以通过说明书来阅读，或可以通过商家，来得知开关插座的内部构造。

（4）手感。

拿到开关，用手拨弄几下试试，看看感觉怎么样？好的开关弹簧软硬适中，弹性极好，开和关的转折比较有力度。不会发生开关按钮停在中间某个位置的状况。还可掂一掂开关，优质的产品因为大量使用了铜银金属，不会有轻飘的感觉。

（5）制作工艺。

开关经常被触摸，尤其是彩色开关面板，如果选用的是不合格的劣质产品，时间久了，就会老化褪色，或者变黄发暗。如果选择那些使用了具有抗紫外线性能的材料，并且对边框进行喷涂烤膜工艺处理的开关，即使使用较长时间，颜色也不会发生丝毫变化。

（6）人性化设计。

好的开关面板上都有夜间指示灯，即便是最传统的荧光涂料夜间指示方式，也从单一的绿色荧光发展到多种颜色。电源发光是另一种夜间指示方式，目前更多的是用 LED 灯代替氖光灯，以保证更长的寿命，更低的发热率，更柔和的光线。有些开关采用网格结构面板和加厚安装孔，可以有效避免安装面板时用力过大导致其变形。或者比如空间插座上带的开关，在空调不用时，可以通过关闭开关，把空间插座上的电源关闭，从而免去老是拔下插头的麻烦。

（7）包装与说明书。

品牌产品非常注重消费者的满意度，因此在产品包装和说明书上下的工夫是不合格的杂牌产品所无法比拟的，进口品牌一定要配有中文说明书。对于产品品名、品牌、技术指标等标注得十分清楚，从安装到安全注意事项也一应俱全。这些都是选择开关时需要注意的。

（8）安全认证。

合格的开关产品一定是获得国家认证和符合国际行业标准的。国产产品要通过 3C 认证、ISO9000 系列认证，一些国际品牌还获得了其他国家和国际性的安全认证，这些会通过标识标注在产品本身、包装或说明书中。

在开关插座的安装施工时，应注意如下事项。

① 开关插座高度有标准。

开关与插座除非是特殊的装修使用需要，一般都应按标准设置高度。开关的高度与成人的肩膀等高，距离地面120～140cm。插座根据使用情况的不同安装的高度要求也不一样，装修设计时应尽可能地进行预留规划。如视听设备、台灯等电器的插座应距地面 30cm；洗衣机、电冰箱等电器插座距离地面 120cm；空调、排气扇插座距地面 200cm。

② 开关安装位置的选择。

开关的位置要根据家人的生活习惯来确定，如大多数人惯用右手，所以一般家装进门向右打开，而开关都装在门口的左侧。另外，对于楼梯上下两层，卧室门与床头两处，比较大的客厅两边，使用双控开关是十分方便的。

③ 插座安装位置注意事项。

在厨房安装插座,注意插座必须远离灶台,以防止热量损坏插座;而在浴室、阳台等近水处,注意插座安装不能低,并且应该配用防溅盖;在特别潮湿、有易燃、易爆气体及粉尘的场所不应装配任何插座。

④ 大功率电器应使用独立插座。

空调、洗衣机、抽油烟机等大功率的电器最好使用单独的三插插座,以防止电路总功率过大跳闸。对于换季性电器如空调,可选用带开关的插座,在不使用时可把开关合上,而不用拔掉插头。

2. 照明系统配电原则

1)基本原则

(1)照明负荷应根据其中断供电可能造成的影响及损失,合理地确定负荷等级,并应根据照明的类别,结合电力供电方式统一考虑,正确选择照明配电系统的方案。

(2)正常照明电源宜与电力负荷合用变压器,但不宜与较大冲击性电力负荷合用。如必须合用时,应由专用馈电线供电,并校核电压波动值。对于照明容量较大而又集中的场所,如果电压波动或偏差过大,严重影响照明质量或灯泡寿命,可装设照明专用变压器或调压装置。

(3)备用照明(供继续和暂时继续工作的照明)应由两路电源或两回线路供电。

(4)当备用照明作为正常照明的一部分并经常使用时,其配电线路及控制开关应分开装设。当备用照明仅在事故情况下使用时,则当正常照明因故停电时,备用照明应自动投入工作。在有专人值班时,可采用手动切换。

(5)疏散照明最好由另一台变压器供电。当只有一台变压器时,可在母线处或建筑物进线处与正常照明分开,还可采用带充电电池(荧光灯还需带有直流逆变器)的应急照明灯。

(6)在照明分支回路中,应避免采用三相低压断路器对三个单相分支回路进行控制和保护。

(7)照明系统中的每一单相回路的电流不宜超过16A,灯具数量不宜超过25个。连接建筑物组合灯具每一单相回路电流不宜超过25A,光源数量不宜超过60个。连接高强度气体放电灯的单相分支回路电流不应超过30A。

(8)插座不宜和照明灯接在同一分支回路,宜由单独的回路供电。当插座为单独回路时,数量不宜超过10个(组)。备用照明、疏散照明的回路上不应设置插座。

(9)为减轻气体放电光源的频闪效应,可将其同一灯具或不同灯具的相邻灯管分接在不同相序的线路上。

(10)机床和固定工作台的局部照明一般由电力线路供电。

(11)移动式照明可由电力或照明线路供电。

(12)道路照明可以集中由一个变电所供电,也可以分别由几个变电所供电,尽可能在一处集中控制。控制方式采用手动或自动,控制点应设在有人值班的地方。

(13)露天工作场地、露天堆场的照明可由道路照明线路供电,也可由附近有关建筑物供电。

（14）三相配电干线的各相负荷宜分配平衡，最大相负荷不宜超过三相负荷平均值的115％，最小相负荷不宜小于三相负荷平均值的85％。

2）电压选择

（1）照明网络一般采用220V/380V三相四线制中性点直接接地系统，灯用电压一般为220V。当需要采用直流应急照明电源时，其电压可根据容量大小，使用要求来确定。

（2）安全电压限值有两档：正常环境为50V；潮湿环境为25V，安全电压及设备额定电压不应超过此限值。目前，我国常用于正常环境的手提灯电压为36V。在不便于工作的狭窄地点，且工作者接触有良好接地的大块金属面（如在锅炉、金属容器内）时，用电压12V的手提灯。

（3）在特别潮湿、高温、有导电灰尘或导电地面（如金属或其他特别潮湿的土、砖、混凝土地面等）的场所，当灯具安装高度距地面为2.4m及以下时，容易触及的固定式或移动式照明器的电压可选用24V，或采取其他防电击措施。

3）线缆选择

合理选择导线截面，应能达到安全运行，降低电能损耗，减少运行费用的效果。导线截面的选择可由安全载流量、线路电压降、机械强度、与熔体额定电流或开关整定值相配合等4个方面加以确定。电缆截面的选择原则：电缆截面的选择按允许载流量、经济电流密度选择，按机械强度、允许电压损失校验，同时，满足短路稳定度的条件。

导线线径一般按如下公式计算。

铜线：$S=IL/54.4U$。

铝线：$S=IL/34U$。

式中：I—导线中通过的最大电流（A）；

L—导线的长度（m）；

U—允许的电源降（V）；

S—导线的截面积（mm²）。

在线路的设计和安装过程中，首先都需要查找电工手册和有关书籍，通过计算确定负荷电流后进行查表得出导线的截面积，由于导线的安全载流量是很难记忆的。如铜线和铝线又不一样，不同的环境温度，穿管与不穿管导线的安全载流量又不一致，有时查电工手册和书籍的方法是很难提高工作效率。经过实践证明，在留有一定的裕量的"口诀法"给电工技术人员带来了方便。实践证明这种方法是绝对安全、可靠的。导线安全载流量计算口诀如下。

10下五，100上二；25，35，四三界；70，95，两倍半；穿管温度，八九折；裸线加一半；铜线升级算。具体读法如下。

"十下五，百上二；二五，三五，四三界；七十，九五，两倍半；穿管温度，八九折；裸线加一半；铜线升级算"。

口诀是以铝芯绝缘线、明敷在环境温度25℃的条件为准。若条件不同，口诀另有说明。

绝缘线包括各种型号的橡皮绝缘线或塑料绝缘线。

口诀对各种截面的截流量(电流,安)不是直接指出,而是用"截面乘上一定倍数"来表示。为此,应当先熟悉导线截面(平方毫米)的排列:

1 1.5 2.5 4 6 10 16 25 35 50 70 95 120 150 185…

生产厂制造铝芯绝缘线的截面通常从 2.5 开始,铜芯绝缘线则从 1 开始;裸铝线从 16 开始,裸铜线则从 10 开始。

口诀中,数字部分代表导线截面积,汉字部分代表允许通过的电流。

(1) 10 下五:铝导线截面积≤10mm² 时,每平方毫米允许通过的电流为 5A。

(2) 100 上二:铝导线截面积≥10mm² 时,每平方毫米允许通过的电流为 2A。

(3) 25,35,四三界:当铝导线截面积≥10mm² 且≤2510mm² 时,每平方毫米允许通过的电流为 4A;当铝导线截面积≥mm² 且≤70mm² 时,每平方毫米允许通过的电流为 3A。

(4) 70,95,两倍半:当铝导线截面积≥70TI11T12 且≤95rrlH12 时,每平方毫米允许通过的电流为 2.5A。

(5) 穿管温度,八九折:如穿管敷设应打 8 折,如环境温度≥35℃,应打 9 折。

(6) 裸线加一半:裸导线允许通过的电流要提高 50%。

(7) 铜线升级算:铜导线的允许电流与较大一级的锅导线的允许电流相等,如 1.5mm² 的铜线相当于 2.5mm² 的铝导线的截流量,2.5mm² 的铜线相当于 4mm² 的铝线的截流量,如此类推。

3. 消防电源和应急照明系统

1) 消防电源

消防电源适用于当建筑物发生火灾时,其作为疏散照明和其他重要的一级供电负荷提供集中供电,在交流市电正常时,由交流市电经过互投装置给重要负载供电,当交流市电断电后,互投装置将立即投切至逆变器供电,供电时间由蓄电池的容量决定,当市电电压恢复时,应急电源将恢复为市电供电。

(1) 消防应急电源。

EPS 是 Emergency Power Supply 的英文缩写,即应急电源装置,如图 7-9 所示。EPS 是一种以弱电控制强电变换的备用交流电源装置,属于电力电子类的电源设备。EPS 主要配用于消防行业的电气设备,主要作应急电源在市电停电以后的备用电源。使用范围主要在建筑工程,消防系统民用等领域使用。

(2) 不间断电源。

UPS 是 Uninterruptible Power System 的英文缩写,即不间断电源,如图 7-10 所示。UPS 是一种含有储能装置,以逆变器为主要组成部分的恒压恒频的不间断电源。主要给单台计算机、计算机网络系统或其他电力电子设备提供不间断的电力供应。当市电输入正常时,UPS 将市电稳压后供应给负载使用,此时的 UPS 就是一台交流市电稳压器,同时它还向机内电池充电;当市电中断(事故停电)时,UPS 立即将机内电池的电能,通过逆变转换的方法向负载继续供应 220V 交流电,使负载维持正常工作并保护负载软、硬件不受损坏。

图 7-9　消防应急电源

图 7-10　不间断电源

2）应急照明系统

当火灾发生时，电线可能被烧断，有时，火灾就是由电线的短路等原因引起，为了防止灾情的蔓延扩大，必须人为地切断部分电源。在这种情况下，为了保证人员能安全顺利地疏散和要害部门能够继续工作以及组织救援工作，在消防联动控制系统中，系统设计中应考虑应急照明和疏散指示标志灯以及事故报警通信等问题。

消防应急照明系统主要包括消防应急照明灯、疏散出口标志及指示灯，是在发生火灾时正常照明电源切断后，引导被困人员疏散或展开灭火救援行动而设置的。为了保证应急照明灯迅速发光，通常采用白炽灯为宜。

照明设备所使用的电源由柴油发电机组提供，在应急照明配电箱中设有市电和柴油发电机组供电电源的自动切换装置以便在市电被切断的情况下及时提供发电机电源（或蓄电池电源），保证备用电源立即供电。

一般在高层楼宇的疏散楼梯、防烟楼梯间的前室、消防电梯及其前室、配电室、消防控制中心、消防水泵房、自备发电机房等重要地方与部分设置消防应急照明灯，并应该保证其亮度达到继续工作所需要的亮度。在商场营业厅、展览厅、多功能厅、娱乐场所等人员密集的地方以及疏散走道等地方设置火灾事故疏散照明灯，如图 7-11 所示。

应急照明灯的工作方式可分为专用和混合用两种。专用的应急照明灯平时是关着的，火灾事故发生后立即自动开启发光，如图 7-11 所示。混合用照明灯与正常的照明灯没有什么二样，平时它作为工作照明的一部分提供照明。混合用照明灯一般装有照明开关，火灾发生时强行使它发光。

疏散照明指示标志灯通常安装在疏散通道、通往楼梯或通向室外的出入口处，并采用绿色标志，如图 7-12 所示。

图 7-11　消防应急照明灯

图 7-12　疏散照明指示标志灯

由于应急照明系统在火灾发生后所扮演的重要角色,对它的可靠性的要求显得特别重要,所以,在消防监控中心应设置手动控制开关,以便在必要时由人工来启动应急照明电源。

4. 供配电与照明系统设计方法

1) 照明供电系统组成

照明供电系统是由室外架空线路供电给照明灯具和其他用电器具使用的供电线路的总称,一般由进户线、配电箱、电源的支线和干线组成。

2) 照明供电线路的布置

建筑物的电气照明供电一般应采用380V/220V的三相四线制线路供电,额定电压偏移量允许在±5%范围内。这样供电方式对三相动力负载可以使用380V的线电压,照明负载可以使用220V的相电压。

(1) 进户线。

进户点的位置应根据供电电源的位置、建筑物大小和用电设备的布置情况综合考虑后确定。要求:建筑物的长度在60m以内者,采用一处进线,超过60m的可根据需要采用两处进线。进户线距室内地平面不得低于3.5m,对于多层建筑物,一般可以由二层进户。

(2) 配电箱。

配电箱是接受和分配电能的装置。配电箱装设有开关、熔断器及电度表等电气设备。

要求:三相电源的零线不经过开关,直接接在零线极上,各单相电路所需零线都可以从零线接线板上引出。照明配电箱一般距离地面1.5m安装。

(3) 干线。

从总配电箱到各分配电箱的线路称为干线。干线布置方式主要有以下几种。

① 放射式。适用于一个电源对小区域建筑群供电。

② 树干式。适用于狭长区域的建筑群供电。

③ 混合式。适用于大中型建筑群或上述两种建筑群的综合供电。

(4) 支线。

从分配电箱引出的线路称为支线。要求:单相支线电流一般不宜超过15A,灯和插座数量不宜超过20个,最多不应超过25个。

3) 室内照明线路的敷设

室内照明线路的敷设方式有明线敷设与暗线敷设两种。

明线敷设就是把导线沿建筑物的墙面或顶棚表面、桁架、屋柱等外表面敷设,导线裸露在外。明线敷设方式有瓷夹板敷设、瓷柱敷设、槽板敷设、铝皮卡钉敷设及穿管明敷设等。明敷优点是工程造价低,施工简便,维修容易。缺点是由于导线裸露在外,容易受到有害气体的腐蚀,受到机械损伤而发生事故,同时也不够美观。

暗线敷设就是将管子预先埋入墙内、楼板内或顶棚内,然后再将导线穿入管中。使用线管有金属钢管、硬塑料管等。暗敷优点是不影响建筑物的美观,防潮,防止导线受到有害气体的腐蚀和意外的机械损伤。但是它的安装费用较高，要耗费大量管材。由于导线穿入管内，而管子又是埋在墙内，在使用过程中检修比较困难，所以在安装过程中要求比较严格。

4）照明配电系统图

照明配电系统常用的有三相四线制、三相五线制和单相两线制，一般都采用单线图绘制，根据照明类别的不同可分为以下几种类型。

(1) 单电源照明配电系统。

如图 7-13 所示，照明线路与电力线路在母线上分开供电，事故照明与正常照明线路分开。

(2) 双电源照明配电系统。

如图 7-14 所示，该系统中两段电力干线间设联

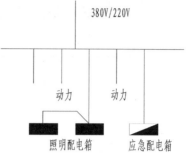

图 7-13 单电源照明配电系统

络开关，当一路电源发生故障停电时，通过联络开关接到另一段干线上，事故照明由两段干线交叉配电。

(3) 多高层建筑照明配电系统。

如图 7-15 所示，在多高层建筑物内，一般采用干线式供电，每层均设控制箱，总配电箱设在底层（设备层）。

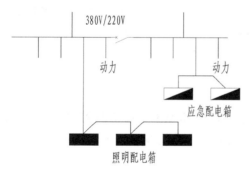

图 7-14 双电源照明配电系统

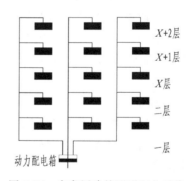

图 7-15 多高层建筑照明配电系统

照明配电系统的设计应根据照明类别、综合供电方式统一考虑，一般照明分支线采用单相供电，照明干线采用三相五线制，并尽量保证配电系统的三相平衡稳定。

5）编号与参照代号

当电气设备符号在图样中不会引起混淆时，可不标注其参照编号，例如，电气平面图中的开关或插座，如没有特殊要求，可只绘制图形符号。当电气设备符号在图样中不能清晰表达其信息时，例如，电气平面图中的照明配电箱，如果数量大于 2 且规格不同时，需要在图形符号附近加注参照代号 AL1、AL2 等。

参照代号的应用应根据实际工程的规模确定，同一项目其参照编号可有不同的表示方法。以照明配电箱为例，如果一个建筑楼层超过 10 楼，一个楼层的照明配电箱数量超过 10 个，每个照明配电箱参照标号的规则如下图 7-16～图 7-19 所示。

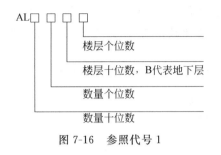

图 7-16　参照代号 1

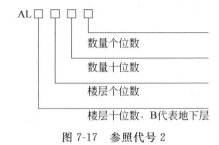

图 7-17　参照代号 2

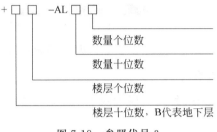

图 7-18　参照代号 3

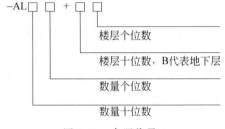

图 7-19　参照代号 4

参照代号 AL1182、ALB211、＋B2-AL11、-AL11＋B2 均可表示安装在底下二层的第 11 个照明配电箱。采用 1,2(见图 7-16 和图 7-17)参照代号标准,因不会引起混淆,所以取消了前缀符号"-"。1,2 表示方式占用字符少,但参照代号的编制规则需要在设计文件里说明。采用 3,4(见图 7-18 和图 7-19)参数代号标注,对位置、数量信息表示的更清晰、直观,易懂。且前缀符号国家标准有定义,参照代号的编制规则不需在设计文件里说明。

6) 线缆型号

线缆型号一般由系列代号、材料代号和使用特性、机构特征组成。例如,BV、ZD-BV、YJY、WDZ-YJY、WDZN-YJY、SYWV 等。当线缆的额定电压不会引起混淆时,标注可省略。

线路的文字标注基本格式为 ab-c(d x e＋f x g)i-jh。其中:

a—线缆编号;

b—型号;

c—线缆根数;

d—线缆线芯数;

e—线芯截面;

f—PE、N 线芯数;

g—线芯截面(mm^2);

l—线路敷设方式,具体见表 7-1;

j—线路敷设部位,具体见表 7-2;

h—线路敷设安装高度(m)。

上述字母无内容时则省略该部分。

表 7-1 线路敷设方式文字符号

敷 设 方 式	符号	敷 设 方 式	符号
穿焊接钢管敷设	SC	电缆桥架敷设	CT
穿电线管敷设	MT	金属线槽敷设	MR
穿硬塑料管敷设	PC	塑料线槽敷设	PR
穿阻燃半硬聚氯乙烯管敷设	FPC	直埋敷设	DB
穿聚氯乙烯塑料波纹管敷设	KPC	电缆沟敷设	TC
穿金属软管敷设	CP	混凝土排管敷设	CE
穿加压式薄壁钢管敷设	KBG	钢管敷设	M

表 7-2 线路敷设部位文字符号

敷 设 方 式	符号	敷 设 方 式	符号
沿或跨梁(屋架)敷设	AB	暗敷设在墙内	WC
暗敷设在梁内	BC	沿天棚或顶板敷设	CE
沿或跨柱敷设	AC	暗敷设在屋面或顶板内	CC
暗敷设在柱内	CLC	吊顶内敷设	SCE
沿墙面敷设	WS	地板或地下面敷设	F

如 N1-BLX-3 x 4-SC20-WC 表示有 3 根截面为 $4mm^2$ 的铝芯橡皮绝缘导线，穿直径为 20mm 的水煤气钢管沿墙暗敷设。

7）供配电照明系统 AutoCAD 元素绘制

（1）"单相二孔加三孔暗插座"块制作。

第一步：打开 AutoCAD 应用程序，新建文件。

第二步：切换图层到 0 层，利用"圆""直线""剪切"与"复制"命令绘制如图 7-20 所示图形。

第三步：利用"图案填充"命令，对绘制好的图形进行填充，并使填充区域也在图层 0 层，如图 7-21 所示。

图 7-20 插座体绘制图   图 7-21 插座体填充

第四步：利用 W 命令，保存名为"单相二孔加三孔暗插座"块于本地磁盘。

（2）同理，制作其他配电系统常用图块，如表7-3所示。

表7-3 配电系统常用图例

图　例	名　称	图　例	名　称
⊗	线吊裸灯头	▬	户内配电箱
E	安全出口灯	⊠	家庭多媒体箱
⊢▬⊣	双管荧光灯	▭	动力配电箱
▼▼	单相二孔加三孔暗插座	▮	电度表箱
⟋	单联单控暗开关	⤬	断路器
⟋	双联单控暗开关	◣	应急配电箱

5．供配电与照明系统设计实例

1）低压干线配电系统图

低压干线配电系统图是用来表达建筑物照明及动力供配电的图纸，一般采用单线法绘制。图中应标出配电箱、开关、熔断器、导线和电缆的型号规格、保护管径与敷设方式、用电设备的名称、容量及配电方式等。下面举例说明低压干线配电系统图的绘制步骤。

第一步：打开 AutoCAD 应用程序，新建文件。

第二步：利用"缩放"命令，对模板文件放大150倍。切换图层到"墙"层，利用"多段线""复制"命令，绘制如图7-22所示墙体。

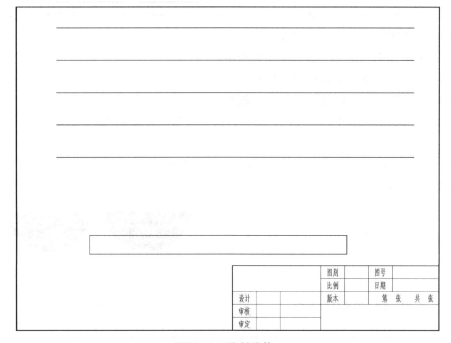

图 7-22　绘制墙体

第三步：切换图层到"设备层"，利用"插入"→"块"命令，分别插入"照明配电箱""应急配电箱""动力配电箱"及"电度表箱"块，并通过"复制"及"移动"命令，对各设备进行合理排列，如图 7-23 所示。

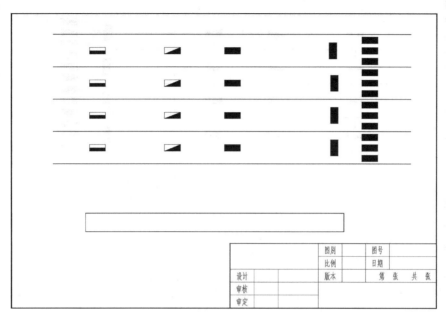

图 7-23　设备排列

第四步：切换图层到"缆线层"，利用"多段线"命令对各设备进行连接，如图 7-24 所示。

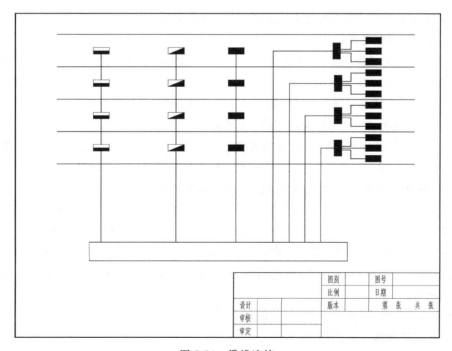

图 7-24　缆线连接

第五步：切换图层到"文字层"，对各设备及缆线进行标注；双击标题栏图块，填写标题栏，如图 7-25 所示。

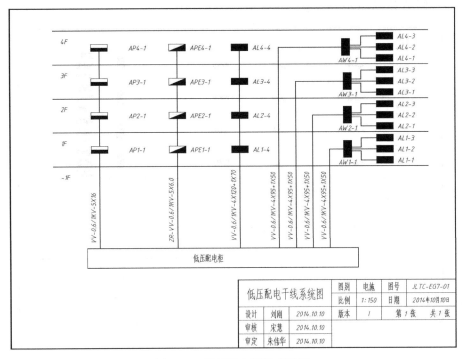

图 7-25 低压配电干线系统图

第六步：命名为"低压配电干线系统图"并保存文件。

2）电气照明配电系统图

与低压配电系统图类似，照明配电系统图用以表达建筑物照明配电系统供电方式、配电回路分布及相互联系的建筑电气工程图。能集中反映照明的配电方式、导线或电缆的型号、规格、数量、敷设方式及穿管管径的规格型号等。下面举例说明照明配电系统图的绘制步骤。

第一步：打开 AutoCAD 应用程序，新建文件。

第二步：利用"缩放"命令，对模板文件放大 150 倍。切换图层到"设备层"，利用"矩形""复制"命令，做出两个矩形，表示配电箱；切换图层到"双点画线层"，利用"多线段""复制"命令，做出两条垂直线，作为配电箱出口线，如图 7-26 所示。

第三步：切换图层到"开关层"，利用"插入"→"块"命令，分别插入"断路器"与"漏电开关"块，并通过"复制"及"移动"命令，对各设备进行合理排列，如图 7-27 所示。

第四步：切换图层到"缆线层"，利用"多线段"命令对各设备进行连接，如图 7-28 所示。

第五步：切换到"文字层"，对各缆线进行标注；双击标题栏图块，填写标题栏，如图 7-29 所示。

第六步：命名为"照明系统图"并保存文件。

3）电气照明施工平面图

第一步：打开 AutoCAD 应用程序，新建模板文件。

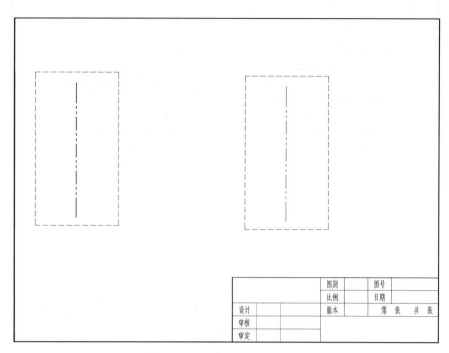

图 7-26　配电箱与出口线的绘制

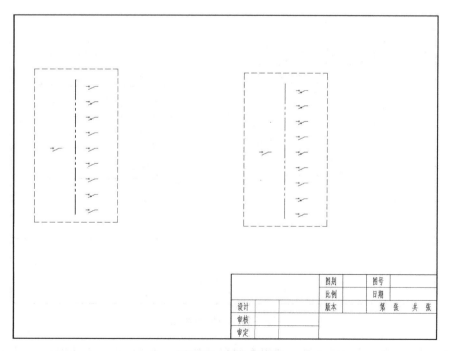

图 7-27　插入插座

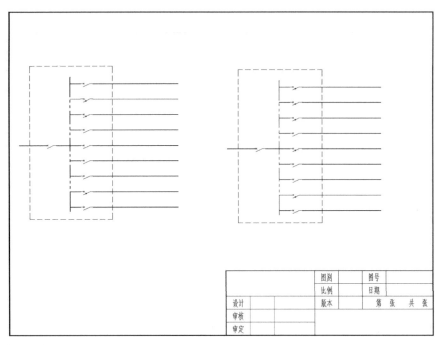

图 7-28　缆线连接

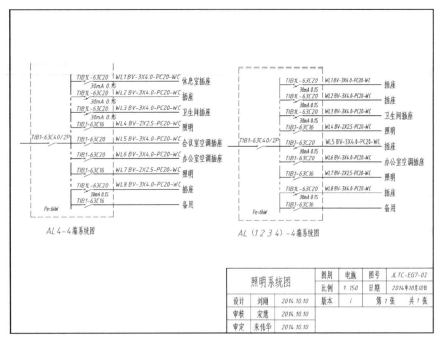

图 7-29　照明系统图

　　第二步：切换图层到"墙层"，利用多线段绘制房屋结构，并标注外围尺寸，如图 7-30
所示。

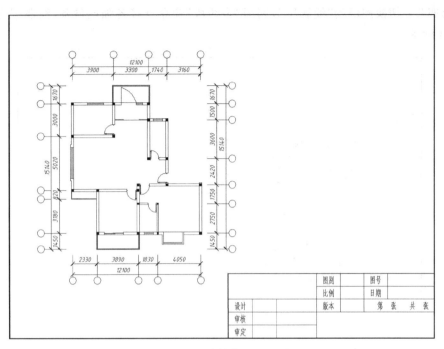

图 7-30　绘制房屋平面图

第三步：切换图层至"设备层"，利用"插入"→"块"命令，插入"配电箱""电源插座""开关"及"照明灯"图块，通过"复制""移动""旋转"等命令，对各设备进行合理排列，如图 7-31 所示。

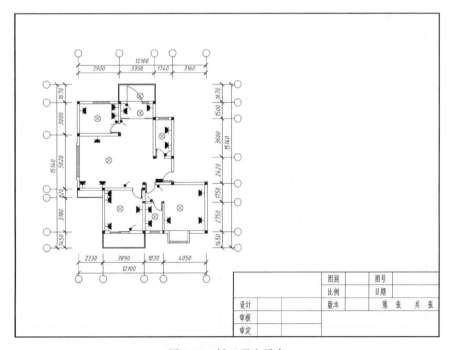

图 7-31　插入强电设备

第四步：切换图层到"缆线层"，利用"多线段"命令连接各强电设备，绘制强电线，如图 7-32 所示。

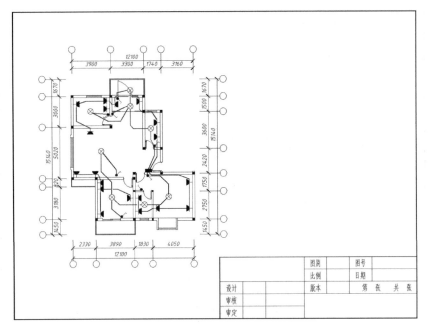

图 7-32　绘制强电线

第五步：切换图层到"文字层"，添加图例说明；双击标题栏图块，填写标题栏，如图 7-33 所示。

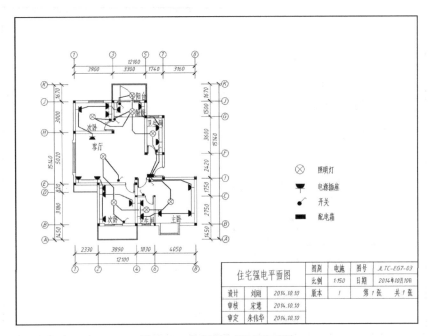

图 7-33　住宅强电施工平面图

第六步：命名为"住宅强电施工平面图"并保存文件。

7.2 计算机网络系统防雷与接地

1. 防雷保护

1）雷电的危害

随着电子设备在人们生产、生活中的应用日益广泛，雷击事故带来的损失和影响也越来越大，尤其是在经济发达国家和地区，雷击造成的电子设备直接经济损失达雷电灾害总损失的 80% 以上。雷电灾害已成为联合国公布的 10 种最严重的自然灾害之一。

全世界平均每分钟发生雷暴 2000 次，全球每年因雷击造成的人员伤亡超过 1 万人，所导致的火灾、爆炸等时有发生。

我国的雷电灾害损失 80% 以上涉及电子、通信和配电系统。

雷击的危害主要有三方面：直击雷、感应雷和雷电过电压侵入。

（1）直击雷。

直击雷是直接击在建筑物或防雷装置上的闪电。大气中带电的雷云直接对没有防雷设施的建筑物或其他物体放电时，强大的雷电流通过这些物体入地，将产生破坏性很大的热效应和机械效应，可导致建筑物或其他物体损坏和人畜死亡。

通信局（站）的建筑物遭受直击雷时，雷电流通过接闪器、雷电引下线和接地体入地泄放，导致地电位升高，如果没有良好的等电位连接等防护措施，可能产生地电位反击损坏设备的现象。移动通信基站等宜尽量增大机房接地引入线与雷电引下线在地网上引接点的距离，就是为了减轻地电位反击对机房内设备的影响。

（2）感应雷。

感应雷是雷云放电时对电气线路或设备产生静电感应或电磁感应所引起的感应雷电流与过电压。通信局（站）大部分的雷击为感应雷击。在导线中产生的感应雷电流比直击雷电流小很多，一般幅值在 20kA 以内。

感应雷电的电磁传播可分为传导耦合和辐射耦合。传导耦合是由各种导线、金属体、电阻和电感及电容性阻抗耦合到电子设备上的，也可以由公共接地阻抗公共电源耦合危害设备；辐射耦合则是通过空间以电磁场形式耦合到电子设备的接收天线及传输电缆上，以危害电子设备。只要摧毁设备的电子元件就可以摧毁电子设备。而现在的电子设备均由低电压的晶体管、集成电路等构成。很小的脉冲电流就能击穿晶体管和集成电路。

（3）雷电过电压侵入。

因特定的雷电放电，在系统中局部位置上出现的瞬态过电压，称为雷电过电压。通信系统的外引线在距离通信局（站）稍远的地方遭到雷击，部分雷电过电压将沿这些外引线进入到机房设备中，形成雷电过电压侵入。

2）雷害侵入计算机系统的途径

（1）由户外电力线路侵入的雷害。

发电厂通过高压输送线路向用户线路提供电力能源。在供电系统的线路和用户的使用线路间形成了一个庞大的电力互联输送网,而且这些线路的大部分都是暴露在室外,并距地面较高处甚至处在较空旷的田野,使这些线路成为雷暴的侵害对象。无论是直击雷还是感应雷都会侵害这些线路,从而产生过电压、过电流,并通过这些线路,特别是计算机机房的电力输送线侵入机房直至用电设备,造成计算机设备的损坏,同时机房中的 UPS、空调、通信等设备也会因侵入的雷过电压、雷过电流而遭到破坏。

(2) 由户外通信信号线路侵入的雷害。

暴露在户外的信号网络的传输线,不论是架空线还是地下传输线都可能遭到雷击(直击或感应雷击),雷电沿着信号线路计算机系统和其他用户的终端设备入口侵入,从而造成设备的损坏。

对于由无线传输的通信信号,在天线系统接收无线电信号的同时,也会将雷电同时引下,因天线接口的防雷保护是必不可少的。

(3) 由户外避雷针引起的感应雷击。

由建筑物的避雷装置承担直击雷的雷击电流的入地释放作用,雷过电流自避雷针引下线上产生的强力变化磁场将作用于周围导体和金属物体,从而产生感应高压,在与地线的低电位间产生电位差时击毁用电设备和通信设备。其危害将波及以下几个方面。

第一是由户内通信信号线路上侵入的雷击:一般情况下,由户外输入的信号线路在户内首先经过机房的转接设备再传送到户内其他终端设备(特别是较大的办公楼内的局域网),这些传输线路一般较远,而且外部一般无屏蔽措施,极易受到感应雷击。

第二是由建筑物内部电力线路侵入的雷击:机房的电源进线(UPS 的前端)假使已做过防雷装置,但由于 UPS 至机房内其他的用电负载间仍有一定的距离,这段距离的传输线一般也未有屏蔽措施,尽管有些线路虽有金属线槽或线管的保护,但是由于接地措施线槽线管安装得不规范,不能有效地起到保护作用。

第三是由建筑物内综合布线系统侵入的雷击,综合布线系统在建筑物纵横交错,并且与各种用电负载相联,四通八达的线路不但可能遭受感应雷击,而且为感应雷击的传递提供了良好的通路。

(4) 反击雷的破坏。

在建筑物的顶端一般都安装有避雷针,并由一根或多根引下线接入大地,当雷电击在避雷针上时,就会有雷击电流通过引下线释放到大地,从而引起地电位升高。由于地电位的升高,考虑到目前机房的接地状况存在有不规范的情况,如多重接地(用电设备的交流保护地线、直流逻辑地线、交流工作地线、防雷保护不共地的情况)导致它们的电位升高,从而侵入用电设备内,并在设备内部件间产生电压差,击穿器件或击毁设备,这种形式的雷过电压对设备的破坏,我们称为反击雷的破坏。

2. 接地与接零

地线用于连接电力装置与接地体,是用来将电流引入大地的导线。电气设备漏电或电压过高时,电流通过地线进入大地。

零线是变压器二次侧中性点引出的线路,与相线构成回路对用电设备进行供电,通常情况下,零线在变压器二次侧中性点处与地线重复接地,起到双重保护作用。

接地和接零的类型及作用不同的电路有不相同的接地方式，电子电力设备中常见的接地和接零方式有以下几种。

1）安全接地

安全接地即将高压设备的外壳与大地连接。一是防止机壳上积累电荷，产生静电放电而危及设备和人身安全，例如，计算机机箱的接地，油罐车那根拖在地上的尾巴，都是为了使积聚在一起的电荷释放，防止出现事故；二是当设备的绝缘损坏而使机壳带电时，促使电源的保护动作而切断电源，以便保护工作人员的安全，例如，电冰箱、电饭煲的外壳；三是可以屏蔽设备巨大的电场，起到保护作用，例如，民用变压器的防护栏。

2）防雷接地

当电力电子设备遇雷击时，不论是直接雷击还是感应雷击，如果缺乏相应的保护，电力电子设备都将受到很大损害甚至报废。为防止雷击，我们一般在高处（例如屋顶、烟囱顶部）设置避雷针与大地相连，以防雷击时危及设备和人员安全。安全接地与防雷接地都是为了给电子电力设备或者人员提供安全的防护措施，用来保护设备及人员的安全。

3）工作接地

工作接地是为电路正常工作而提供的一个基准电位。这个基准电位一般设定为零。该基准电位可以设为电路系统中的某一点、某一段或某一块等。当该基准电位不与大地连接时，视为相对的零电位。但这种相对的零电位是不稳定的，它会随着外界电磁场的变化而变化，使系统的参数发生变化，从而导致电路系统工作不稳定。当该基准电位与大地连接时，基准电位视为大地的零电位，而不会随着外界电磁场的变化而变化。但是不合理的工作接地反而会增加电路的干扰。

4）信号地

信号地是各种物理量信号源零电位的公共基准地线。由于信号一般都较弱，易受干扰，不合理的接地会使电路产生干扰，因此对信号地的要求较高。

5）模拟地

模拟地是模拟电路零电位的公共基准地线。模拟电路中有小信号放大电路，多级放大，整流电路，稳压电路等，不适当的接地会引起干扰，影响电路的正常工作。

6）数字地

数字地是数字电路零电位的公共基准地线。由于数字电路工作在脉冲状态，特别是脉冲的前后沿较陡或频率较高时，会产生大量的电磁波干扰电路。如果接地不合理会使干扰加剧，所以对数字地的接地点选择和接地线的敷设也要充分考虑。

7）电源地

电源地是电源零电位的公共基准地线。由于电源往往同时供电给系统中的各个单元，而各个单元要求的供电性质和参数可能有很大差别，因此既要保证电源稳定可靠地工作，又要保证其他单元稳定可靠地工作。电源地一般是电源的负极。

8）功率地

功率地是负载电路或功率驱动电路的零电位的公共基准地线。由于负载电路或功率驱动电路的电流较强、电压较高，如果接地的地线电阻较大，会产生显著的电压降而产生较大的干扰,所以功率地线上的干扰较大。因此,功率地必须与其他弱电地分别设置,以保证整个系统稳定可靠地工作。

9)接零

接零是把电气设备的金属外壳和中性垂直接地系统中的零线可靠连接,以保护人身安全的一种用电安全措施。

3. 防雷接地系统设计方法

1)防止直击雷

一般情况下,防止直击雷的方式如图 7-34 所示,采取接闪器、引下线和接地装置的系统结构。

(1)接闪器。

接闪器一般分为避雷针、避雷带、避雷网、避雷线 4 种。

避雷针是敷设在建筑物顶部或独立装设在地面上的针状金属杆。避雷针在地面上的保护半径约为避雷针高度的 1.5 倍,其保护范围一般可根据滚球法来确定,此法是根据反复的实验及长期的雷害经验总结而成的,有一定的局限性。

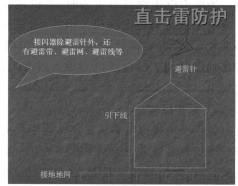

图 7-34 直击雷防护

避雷带是沿着建筑物的屋脊、檐帽、屋角及女儿墙等突出部位,易受雷击部位暗敷的带状金属线。一般采用截面 48mm²,厚度不小于 4mm 的镀锌或直径不小于 8mm 的镀锌圆钢制成。

避雷网是在较为重要的建筑物及面积较大的屋面上,纵横敷设金属线组成矩形平面网格,或以建筑物外形构成一个整体较密的金属大网笼,实行较全面的保护。

避雷线又称为架空地线,架设在杆塔顶部,一根或两根,用于防雷,110～220kV 线路一般沿全线架设,避雷线可以遮住导线,使雷尽量落在避雷线本身上,并通过杆塔上的金属部分和埋设在地下的接地装置,使雷电流流入大地。

(2)引下线。

引下线指连接接闪器与接地装置的金属导体。引下线的作用是把接闪器上的雷电流连接到接地装置并引入大地。引下线有明敷设和暗敷设两种。

引下线明敷设一般采用圆钢或扁钢,沿建筑物墙面敷设。其尺寸和防腐蚀要求与避雷网、避雷带相同。用钢绞线作引下线,其截面积不得小于 25mm²。用有色金属导线做引下线时,应采用截面积不小于 16mm² 的铜导线。

引下线暗敷设是利用建筑物结构混凝土柱内的钢筋,或在柱内敷设铜导体做防雷引下线。

(3)接地装置。

将接闪器与大地做良好的电气连接的装置就是接地装置,其是引导雷电流泄入大地的导体,接地装置包括接地体和接地线两部分。接地体是进入土壤中作为流散电流用的金属导体，其既可采用建筑物内的基础钢筋，也可采用金属材料进行人工敷设。接地下线是从引下线的断接卡或接线处至接地体的连接导体。

2）防止感应雷

在拥有计算机网络系统的建筑中，除了在室外设置避雷器防止直击雷，在建筑内部，还应对电源系统、网络系统做单独的防雷保护，防止感应雷的破坏。

（1）电源三级防雷。

由于雷击的能量是非常巨大的，能量需要通过分级泄放的方法，将雷击能量逐步泄放到大地。对于拥有信息系统的建筑物，三级防雷是成本较低，保护较为充分的选择，如图 7-35 所示。

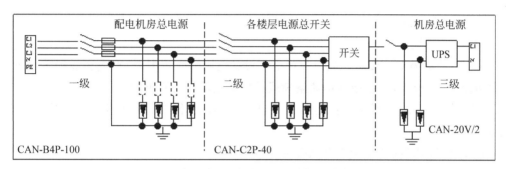

图 7-35 电源三级防雷系统

第一级防雷器可以对于直接雷击电流进行泄放，或者当电源传输线路遭受直接雷击时传导的巨大能量进行泄放对于有可能发生直接雷击可能的地方，必须要进行 CLASS-I 的防雷。通常在机房所在楼层配电间总电源处并联安装单相（三相）电源防雷箱，作为电源的第一级防雷保护。

虽然已经在楼层总电源进线端安装了第一级的防雷器，但是当较大雷电流进入时，第一级防雷器可将绝大部分雷电流由地线泄放，而剩余的雷电残压还是相当高，因此第一级防雷器的安装，并不能确保后接设备的万无一失，还存在感应雷电流和雷电波的二次入侵的可能。通常在机房电源进线处安装电源第二级防雷器。

同样，当较大雷电流进入时，前二级防雷器可将绝大部分雷电流由地线泄放，而剩余的雷电残压还是相当高，还存在感应雷电流和雷电波的再次入侵的可能。通常在设备电源进线处安装电源第三级防雷器。

（2）信号系统的防护。

尽管在电源和通信线路等外接引入线路上安装了防雷保护装置，由于雷击发生在网络线（如双绞线）感应到过电压，仍然会影响网络的正常运行，甚至彻底破坏网络系统。雷击时产生巨大的瞬变磁场，在 1km 范围内的金属环路，如网络金属连线等都会感应到极强的感应雷击；另外，当电源线或通信线路传输过来雷击电压时，或建筑物的地线系统在泻放雷击时，所产生强大的瞬变电流，对于网络传输线路来说，所感应的过电压已经足以一次性破坏网络。即使不是特别高的过电压，不能够一次性破坏设备，但是每一次的过电压冲击都加速了网络设备的老化，影响数据的传输和存储，直至彻底损坏。所以网络信号线的防雷对于网络集成系统的整体防雷来说，是非常重要的环节。

3）防止雷电过电压侵入和高电位反击雷

为防止高电位从线路引入，低压线路宜全线采用电缆直接埋地敷设，在入户端将电缆的金属外皮、钢管接到防雷电感应的接地装置上。当全线采用电缆有困难时，可采用架空线。在电缆与架空线连接处，还应装设避雷器。避雷器、电缆金属外皮、钢管和绝缘子铁脚、金具等应连接在一起接地，其冲击接地电阻不应大于 10Ω。

为防止高电位反击，目前普遍通用的做法都是采用等电位连接。集成网络系统主干交换机所在的中心机房应设置均压环，将机房内所有金属物体，包括电缆屏蔽层、金属管道、金属门窗、设备外壳以及所有进出大楼的金属管道等金属构件进行电气连接，以均衡电位。

4）接地系统设计

（1）TN 系统。

TN 系统称为保护接零。当故障使电气设备金属外壳带电时，形成相线和零线短路，回路电阻小，电流大，能使熔丝迅速熔断或保护装置动作切断电源。

TN 系统的电力系统有一点直接接地，电气装置的外露可导电部分通过保护导体与该点连接。

按 N 线和 PE 线的不同组合又分为 3 种类型。

TN-C 系统——在整个系统内 N 线和 PE 线是合一的，如图 7-36 所示。

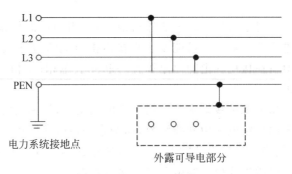

图 7-36 TN-C 系统

TN-S 系统——在整个系统内 N 线和 PE 线是分开的，如图 7-37 所示。

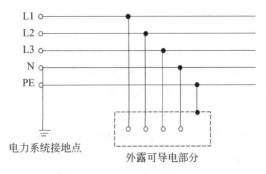

图 7-37 TN-S 系统

TN-C-S 系统——在整个系统内，通常仅在低压电气装置电源进线点前 N 线和 PE 线是合一的，电源进线点后即分为两根线，如图 7-38 所示。

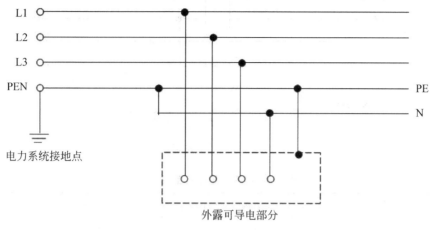

图 7-38 TN-C-S 系统

（2）IT 系统。

IT 系统的电源不接地或通过阻抗接地，电气设备外露可导电部分可直接接地或通过保护线接到电源的接地体上，称为保护接地系统，如图 7-39 所示。

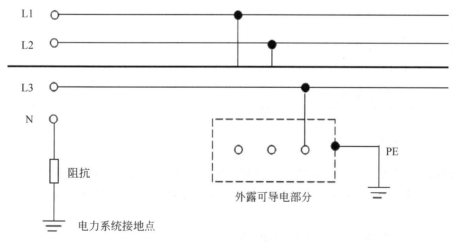

图 7-39 IT 系统

（3）TT 系统。

TT 系统是指将电气设备的金属外壳直接接地的保护系统，也是保护接地系统，是一种中性点直接接地系统。

TT 系统由同一接地故障保护电路的外露可导电部分，应用 PE 线连接，并应接至共用的接地极上。当有多级保护时，各级宜有各自独立的接地极，如图 7-40 所示。

5）防雷接地系统 AutoCAD 元素绘制

防雷接地系统工程图设计中常用的各种图例如表 7-4 所示。

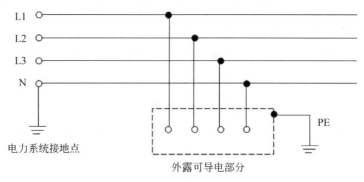

图 7-40 TT 系统

表 7-4 防雷接地工程常用图例

序号	名　称	图例	序号	名　称	图例
1	避雷针	○	9	保护接地	
2	避雷带(线)	✕─✕	10	接机壳或底板	
3	实验室用接地端子板(明装)		11	等电位	↓
4	实验室用接地端子板(暗装)		12	引线	
5	有接地极接地装置		13	端子	○
6	无接地极接地装置		14	端子板	
7	一般接地符号		15	等电位连接	‖‖‖‖‖
8	无噪声(抗干扰)接地				

4. 防雷接地系统设计实例

建筑防雷接地平面图一般是指建筑物屋顶设置避雷带或避雷网,利用基础内的钢筋作为防雷的引下线,埋设人工接地体的方式。下面举例说明防雷接地施工平面图的绘制步骤。

第一步:打开 AutoCAD 应用程序,新建文件。

第二步:利用"缩放"命令,对模板文件放大 150 倍。切换图层到"墙"层,利用"多段线""复制"命令,绘制如图 7-41 所示墙体,并进行外围尺寸标注。

第三步:切换图层到"防雷层",绘制避雷带、引线及接地装置,如图 7-42 所示。

第四步:切换图层到"标注层",添加文字标注说明,如图 7-43 所示。

第五步:切换图层到"文字层",补充图例说明;双击标题栏图块,填写标题栏,如图 7-44 所示。

第六步:命名为"屋顶防雷接地平面图"并保存文件。

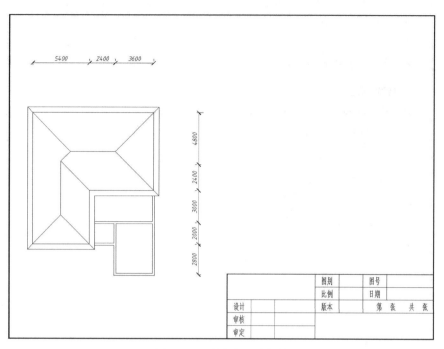

图 7-41　顶层平面图绘制

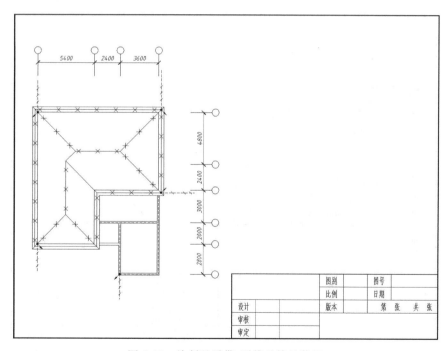

图 7-42　绘制避雷带、引线及接地装置

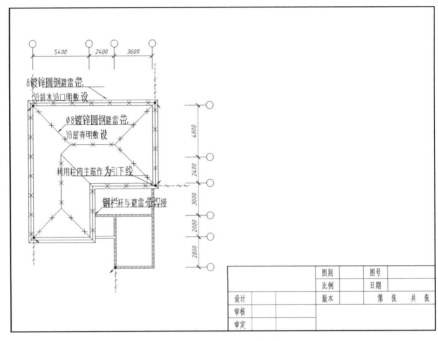

图 7-43　添加文字说明

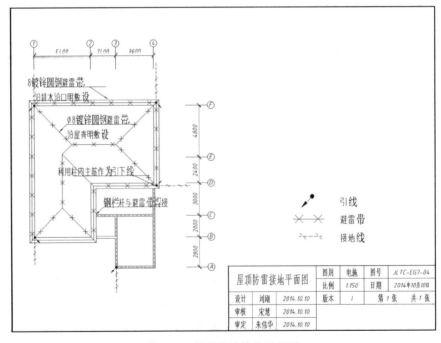

图 7-44　屋顶防雷接地平面图

附录 A　通信工程图例

各种符号名称及说明如表 A-1～表 A-18 所示。

表 A-1　符号要素

序号	名　　称	图　　例	说　　明
1-1	基本轮廓线	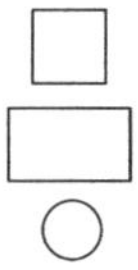	元件、装置、功能单元的基本轮廓线
1-2	辅助轮廓线	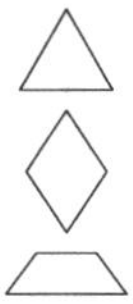	元件、装置、功能单元的辅助轮廓线
1-3	边界线	 —— · —— · ——	功能单元的边界线
1-4	屏蔽线(护罩)		

表 A-2　限定符号

序号	名　　称	图　　例	说　　明
2-1	非内在的可变性		
2-2	非内在的非线性可变性		
2-3	内在的可变性		
2-4	内在的非线性可变性		
2-5	预调、微调	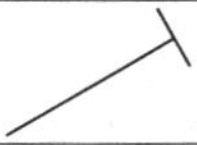	
2-6	能量、信号的单向传播(单向传输)		
2-7	同时发送和接收		同时双向传播(同时双向传输)
2-8	不同时发送和接收		不同时双向传播(不同时双向传输)
2-9	发送		
2-10	接收		

表 A-3　连接符号

序号	名　称	图　例	说　明
3-1	连接、群连接	形式 1 形式 2 3	导线、电缆、线路、传输通道等的连接 当用单线表示一组连接时，连接数量可用短线个数表示，或用一根短线加数字表示 示例为 3 个连接，3 条连接线
3-2	T 形连接		
3-3	双 T 形连接		
3-4	十字双叉连接		
3-5	跨越		
3-6	插座		指插座内孔或插座的一个极
3-7	插头		指插头的凸头或插头的一个极
3-8	插头和插座		

表 A-4　交换系统、数据及 IP 网

序号	名　称	图　例	说　明
4-1	国际局		可以加注文字符号表示设备的等级、容量、用途、规模及局号。例如： ① 必要时增加以下符号表示不同的设备、局、站。 ISC：国际交换机。 ISTP：国际信令转接点。 Router：国际出入口路由器。 ATM/FR：国际出入口 ATM/FR 交换机。 ISSP：国际业务交换点。 ② 标注时可采用以下模式（可以省略），可放在图形内或图形右侧： 型号 ———— 容量 ———— 局号 （注意：不要将其横线与图形相连）

续表

序号	名　称	图　例	说　明
4-2	长途汇接节点	（矩形）	可以加注文字符号表示设备的等级、容量、用途、规模及局号。例如： ① 必要时增加以下符号表示不同的设备、局、站。 DC1、DC2：固定网长途交换机。 TMSC1、TMSC2：移动网长途汇接局。 H/LSTP：信令转接点。 SSP：业务交换点。 Router：核心路由器。 ATM/FR：核心 ATM/FR 交换机。 PRC：基准钟。 NMC-N：全国网管中心。 BC-N：全国计费结算中心。 ② 标注时可采用以下模式（可以省略），可放在图形内或图形右侧： 型号 ———— 容量 ———— 局号 （注意：不要将其横线与图形相连）
4-3	本地汇接节点	（矩形）	可以加注文字符号表示设备的等级、容量、用途、规模及局号。例如： ①② 必要时增加以下符号表示不同的设备、局、站。 TS：固定网长途交换机。 LSTP：信令转接点。 SSP：业务交换点。 Router：本地核心路由器。 ATM/FR：本地核心 ATM/FR 交换机。 LPR：区域基准钟。 NMC-P：省级网管中心。 BC-P：省级计费结算中心。 ② 标注时可采用以下模式（可以省略），可放在图形内或图形右侧： 型号 ———— 容量 ———— 局号 （注意：不要将其横线与图形相连）
4-4	端局、汇聚层设备	（椭圆）	可以加注文字符号表示设备的等级、容量、用途、规模及局号。例如： ① 必要时增加以下符号表示不同的设备、局、站。 LS：市话交换端局。 MSC：移动端局。

序号	名称	图例	说明
4-4	端局、汇聚层设备		SP：信令点。 SSP：业务交换点。 Router：汇聚层路由器。 ATM/FR：汇聚层 ATM/FR 交换机。 BITS：大楼综合定时系统。 OMC：本地维护中心计费采集设备。 ② 标注时可采用以下模式（可以省略），可放在图形内或图形右侧： 型号 ———— 容量 ———— 局号 （注意：不要将其横线与图形相连）
4-5	远端模块、接入层设备		可以加注文字符号表示设备的等级、容量、用途、规模及局号。例如： ① 必要时增加以下符号表示不同的设备、局、站。 RSU：远端模块。 PBX：用户交换机。 Router：接入层路由器。 ATM/FR：接入层 ATM/FR 交换机。 PAD：分组接入设备。 MODEM：调制解调器。 ② 标注时可采用以下模式（可以省略），可放在图形内或图形右侧： 型号 ———— 容量 ———— 局号 （注意：不要将其横线与图形相连）
4-6	软交换机		可以加注文字符号表示设备的等级、容量、用途、规模及局号。例如： ① 必要时增加以下符号表示不同的设备、局、站。 SS：软交换机。 MSC Server：MSC 软交换服务器。 GK：关守。 ② 标注时可采用以下模式（可以省略），可放在图形内或图形右侧： 型号 ———— 容量 ———— 局号 （注意：不要将其横线与图形相连）

续表

序号	名 称	图 例	说 明
4-7	媒体网关		可以加注文字符号表示设备的等级、容量、用途、规模及局号。例如： ① 必要时增加以下符号表示不同的设备、局、站。 TG：中继网关。 SG：信令网关。 MGW：移动接入网关。 AG：接入网关。 GW：IP 电话网关。 IAD：综合接入设备。 ② 标注时可采用以下模式（可以省略），可放在图形内或图形右侧： 型号 ———— 容量 ———— 局号 （注意：不要将其横线与图形相连）
4-8	HLR SCP SGSN PDSN		可以加注文字符号表示设备的等级、容量、用途、规模及局号。例如： ① 必要时增加以下符号表示不同的设备、局、站。 HLR：归属位置寄存器。 SCP：业务控制点。 SGSN：业务 GPRS 支持节点。 PDSN：分组数据服务节点。 ② 标注时可采用以下模式（可以省略），可放在图形内或图形右侧： 型号 ———— 容量 ———— 局号 （注意：不要将其横线与图形相连）
4-9	局域网交换机/HUB		可以加注文字符号表示设备的等级、容量、用途、规模及局号。例如： ① 必要时增加以下符号表示不同的设备局、站。 L3：三层交换机。 L2：三层交换机。 HUB：集线器。 ② 标注时可采用以下模式（可以省略），可放在图形内或图形右侧： 型号 ———— 容量 ———— 局号 （注意：不要将其横线与图形相连）

序号	名 称	图 例	说 明
4-10	防火墙		
4-11	路由器		可以加注文字符号表示设备的等级、容量、用途、规模及局号。例如： ① 必要时增加以下符号表示不同的设备局、站。 ROUTER：路由器。 GGSN：网关 GPRS 支持节点。 PDSN：分组数据服务节点。 ATM/FR：ATM/FR 交换机。 ② 标注时可采用以下模式（可以省略），可放在图形内或图形右侧： 　　　　　　　　型号 　　　　　　　————— 　　　　　　　　容量 　　　　　　　————— 　　　　　　　　局号 （注意：不要将其横线与图形相连）

表 A-5　增值业务、信息化系统

序号	名 称	图 例	说 明
5-1	服务器		或类似形状
5-2	磁盘阵列		
5-3	光纤交换机		
5-4	磁带库		
5-5	光盘库		
5-6	PC/工作站		

续表

序号	名　　称	图　例	说　明
5-7	以太网	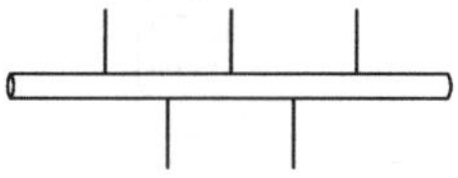	逻辑示意图用
5-8	传输链路		
5-9	网络云		
5-10	信令网关/排队机	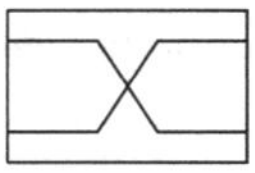	
5-11	数据库	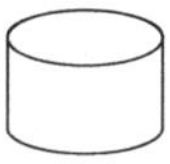	

表 A-6　传输设备

序号	名　　称	图　例	说　明
6-1	光传输设备节点基本符号		＊表示节点传输设备的类型。S：SDH 设备，W：WDM 设备，A：ASON 设备
6-2	微波传输		
6-3	告警灯		
6-4	告警铃		
6-5	公务电话		
6-6	延伸公务电话		
6-7	设备内部时钟		
6-8	大楼综合定时系统		

续表

序号	名　称	图　例	说　明
6-9	网管设备		
6-10	ODF/DDF 架	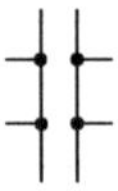	
6-11	WDM 终端型波分复用设备	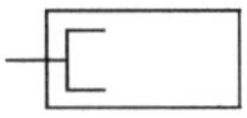	16/32/40/80 波等
6-12	WDM 光线路放大器		
6-13	WDM 光分插复用器	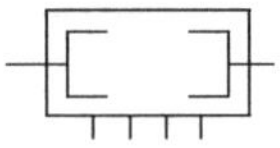	16/32/40/80 波等
6-14	4∶1 透明复用器	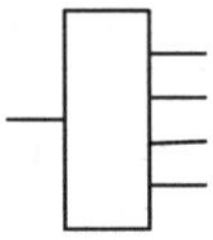	1∶8、1∶16,依此类推
6-15	SDH 终端复用器	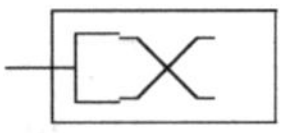	
6-16	SDH 分插复用器	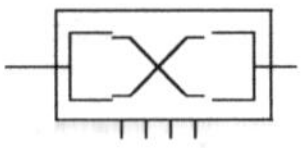	
6-17	SDH 中继器		
6-18	DXC 数字交叉连接设备	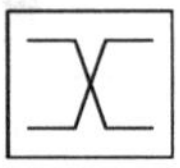	
6-19	ASON 设备	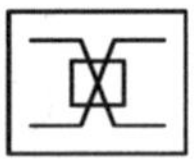	

表 A-7　光缆

序号	名　称	图　例	说　明
7-1	光缆	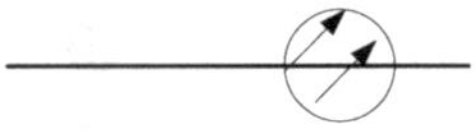	光纤或光缆的一般符号
7-2	光缆参数标注	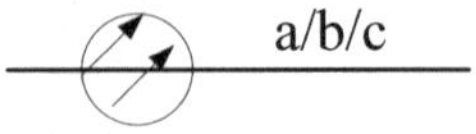 a/b/c	a—光缆型号 b—光缆芯数 c—光缆长度
7-3	永久接头		

续表

序号	名　称	图　例	说　明
7-4	可拆卸固定接头		
7-5	光连接器（插头-插座）		

表 A-8　通信线路

序号	名　称	图　例	说　明
8-1	通信线路		通信线路的一般符号
8-2	直埋线路		适用于路由图
8-3	水下线路、海底线路		适用于路由图
8-4	架空线路		适用于路由图
8-5	管道线路		管道数量、应用的管孔位置、截面尺寸或其他特征（如管孔排列形式）可标注在管道线路的上方虚斜线，可作为入（手）孔的简易画法。适用于路由图
8-6	线路中的充气或注油堵头		
8-7	具有旁路的充气或注油堵头的线路		
8-8	沿建筑物敷设通信线路	W	适用于路由图
8-9	接图线		

表 A-9　线路设施与分线设备

序号	名　称	图　例	说　明
9-1	防电缆光缆蠕动装置		类似于水底光电缆的丝网或网套锚固
9-2	线路集中器		
9-3	埋式光缆电缆铺砖、铺水泥盖板保护		可加文字标注明铺砖为横铺、竖铺及铺设长度或注明铺水泥盖板及铺设长度
9-4	埋式光缆电缆穿管保护		可加文字标注表示管材规格及数量

续表

序号	名　　称	图　例	说　　明
9-5	埋式光缆电缆上方敷设排流线	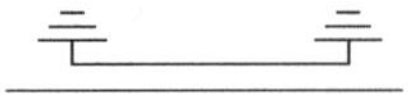	
9-6	埋式电缆旁边敷设防雷消弧线	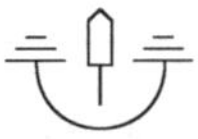	
9-7	光缆电缆预留		
9-8	光缆电缆蛇形敷设		
9-9	电缆充气点	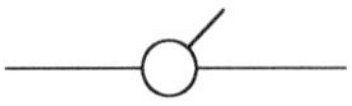	
9-10	直埋线路标石	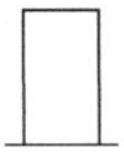	直埋线路标石的一般符号： 加注 V 表示气门标石 加注 M 表示监测标石
9-11	光缆电缆盘留	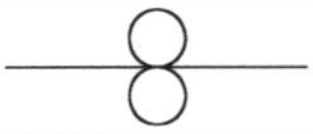	
9-12	电缆气闭套管		
9-13	电缆直通套管	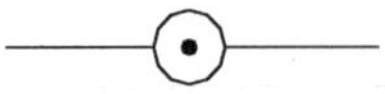	
9-14	电缆分支套管		
9-15	电缆接合型接头套管	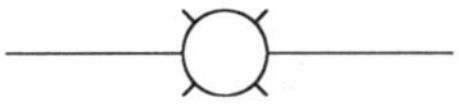	
9-16	引出电缆监测线的套管	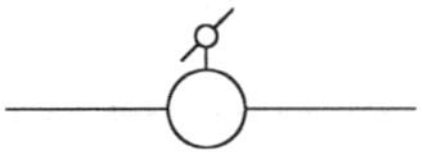	
9-17	含有气压报警信号的电缆套管	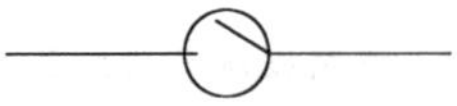	
9-18	压力传感器	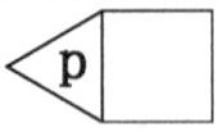	
9-19	电位针式压力传感器	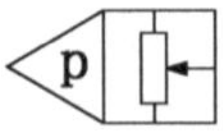	
9-20	电容针式压力传感器	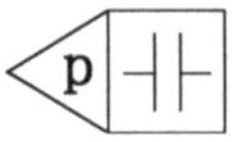	
9-21	水线房		

续表

序号	名　　称	图　例	说　明
9-22	水线标志牌	 ▲ 或  ▲	单杆及双杆水线标牌
9-23	通信线路巡房		
9-24	光电缆交接间		
9-25	架空交接箱		加 GL 表示光缆架空交接箱
9-26	落地交接箱		加 GL 表示光缆架空交接箱
9-27	壁龛交接箱	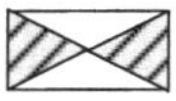	加 GL 表示光缆架空交接箱
9-28	分线盒	 简化形 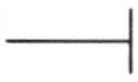	分线盒一般符号 注:可加注 $\frac{N-B}{C}\Big\|\frac{d}{D}$ 其中:N—编号; B—容量;C—线; d—现有用户数;D—设计用户数
9-29	室内分线盒		
9-30	室外分线盒		
9-31	分线箱	 简化形 	分线箱的一般符号 加注同 11-28
9-32	壁龛分线箱	 简化形 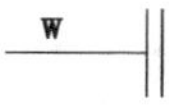 W	壁龛分线箱的一般符号 加注同 11-28

表 A-10　通信杆路

序号	名　称	图　例	说　明
10-1	电杆的一般符号	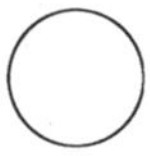 ○	可以用文字符号 $\dfrac{A-B}{C}$ 标注 其中: A—杆路或所属部门; B—杆长; C—杆号
10-2	单接杆	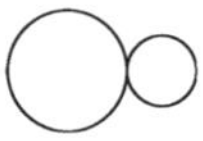 ○○	
10-3	品接杆	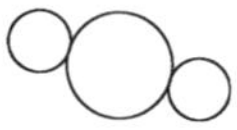 ○○○	
10-4	H 形杆	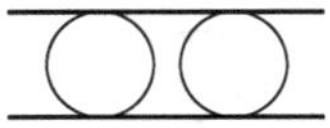	
10-5	L 形杆	 Ⓛ	
10-6	A 形杆	 Ⓐ	
10-7	三角杆	 Δ	
10-8	四角杆	 #	
10-9	带撑杆的电杆		
10-10	带撑杆拉线的电杆		
10-11	引上杆	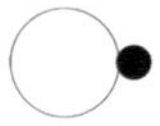	小黑点表示电缆或光缆
10-12	通信电杆上装设避雷线		
10-13	通信电杆上装设带有火花间隙的避雷线		
10-14	通信电杆上装设放电器	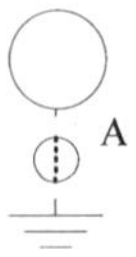	在 A 处注明放电器型号
10-15	电杆保护用围桩	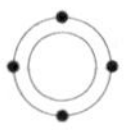	河中打桩杆

续表

序号	名　称	图　例	说　明
10-16	分水桩	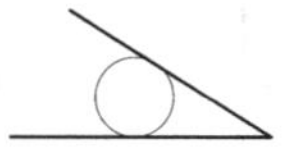	
10-17	单方拉线	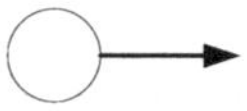	拉线的一般符号
10-18	双方拉线	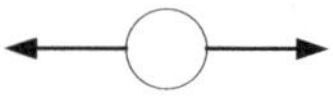	
10-19	四方拉线	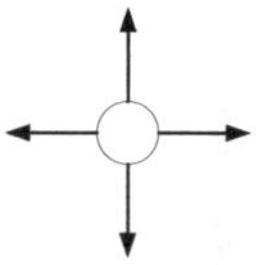	
10-20	有 V 形拉线的电杆		
10-21	有高桩拉线的电杆	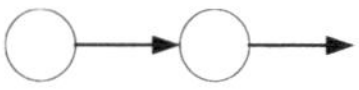	
10-22	横木或卡盘		

表 A-11　通信管道

序号	名　称	图　例	说　明
11-1	直通型人孔	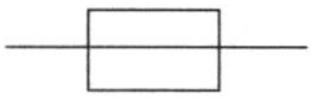	人孔的一般符号
11-2	手孔	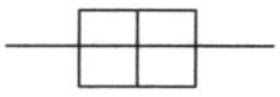	手孔的一般符号
11-3	局前人孔	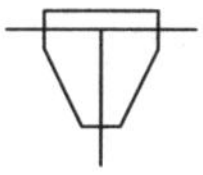	
11-4	斜通型人孔	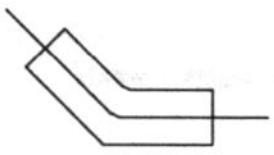	
11-5	分歧人孔	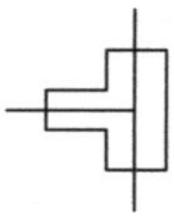	
11-6	四通型人孔	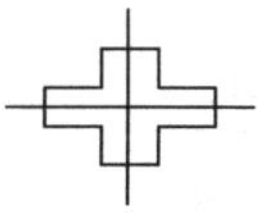	
11-7	埋式手孔	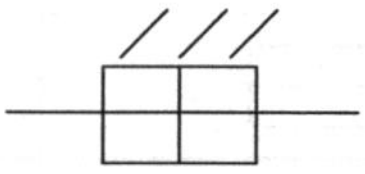	

表 A-12 移动通信

序号	名　称	图　例	说　明
12-1	手机	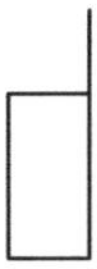	
12-2	基站	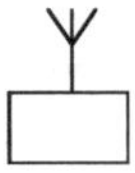	可在图形内加注文字符号表示不同技术,例如:BTS:GSM 或 CDMA 基站。NodeB:WCDMA 或 TD-SCDMA
12-3	全向天线	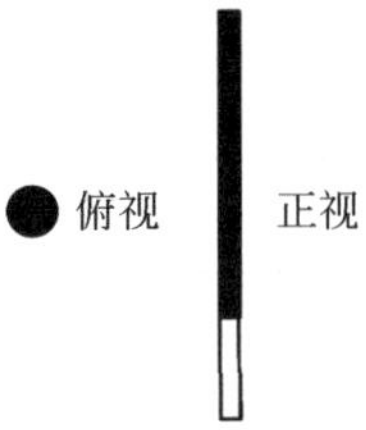 ● 俯视　　正视	可在图形旁加注文字符号表示不同类型,例如: Tx:发信天线。 Rx:接收天线。 Tx/Rx:收发共用天线
12-4	板状定向天线	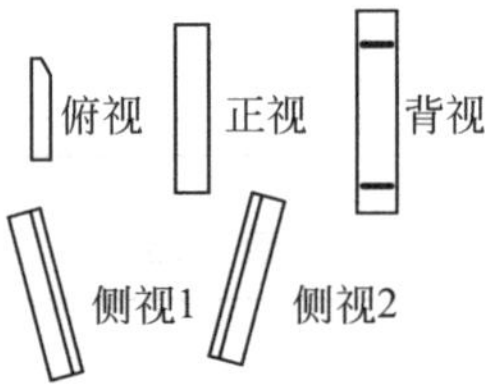 俯视　正视　背视　侧视1　侧视2	可在图形旁加注文字符号表示不同类型,例如: Tx:发信天线。 Rx:接收天线。 Tx/Rx:收发共用天线
12-5	八木天线		
12-6	吸顶天线	 T_X/R_X	
12-7	抛物面天线		
12-8	馈线		
12-9	泄露电缆		
12-10	二功分器		
12-11	三功分器	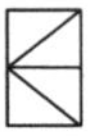	
12-12	耦合器	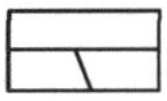	
12-13	干线放大器	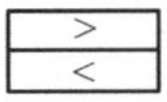	

表 A-13　无线通信站型

序号	名　　称	图　　例	说　　明
13-1	点对多点汇接站	 CS	
13-2	点对多点微波中心站	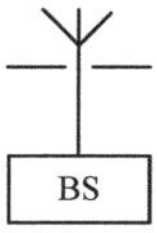 BS	
13-3	点对多点微波中继站	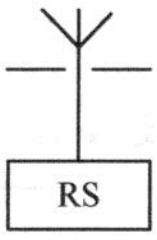 RS	
13-4	点对多点用户站	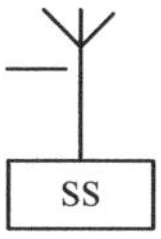 SS	
13-5	微波通信中继站		
13-6	微波通信分路站	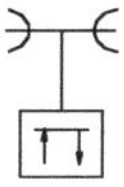	
13-7	微波通信终端站	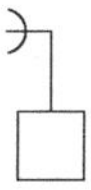	
13-8	无源接力站的一般符号		
13-9	空间站的一般符号	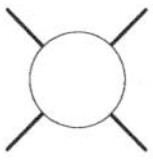	
13-10	有源空间站	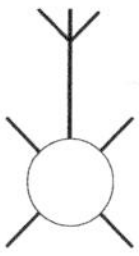	
13-11	无源空间站	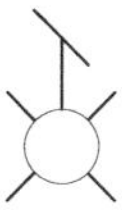	
13-12	跟踪空间站的地球站		

续表

序号	名　　称	图　例	说　明
13-13	卫星通信地球站	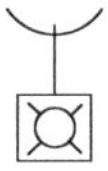	
13-14	甚小卫星通信地球站	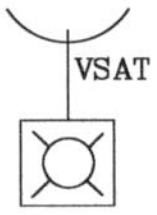 VSAT	

表 A-14　无线传输

序号	名　　称	图　例	说　明
14-1	传输电路	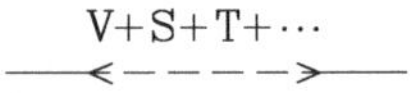 V+S+T+…	如需要表示业务种类,可在虚线上方加注如下字符: V—电视通道;T—数据通道; S—语音通道
14-2	波导及同轴电缆一般符号		
14-3	矩形波导	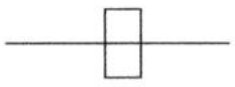	
14-4	圆形波导	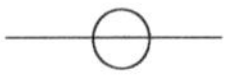	
14-5	椭圆形波导		
14-6	同轴波导		
14-7	矩形软波导		
14-8	成对的对称波导连接器		
14-9	成对的不对称波导连接器		
14-10	匹配负载	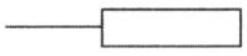	
14-11	三端口环行器		
14-12	卫星高频倒换开关		
14-13	两部位微波开关(每步 100°)		
14-14	三部位微波开关(每步 120°)	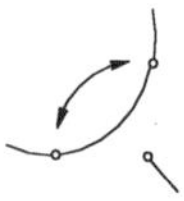	

表 A-15　通信电源

序号	名　　称	图　　例	说　　明
15-1	规划的变电所/规划的配电所	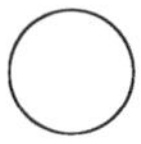	
15-2	运行的或未说明的变电所/运行的或未说明的配电所		
15-3	规划的杆上变压器	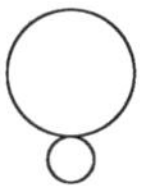	
15-4	运行的杆上变压器		
15-5	规划的发电站		
15-6	运行的发电站		
15-7	断路器功能	×	
15-8	隔离开关功能		
15-9	负荷开关功能		
15-10	动合(常开)触点	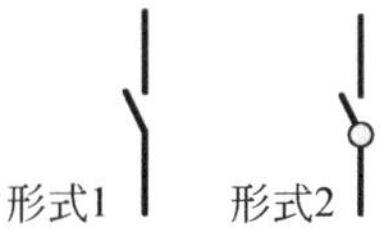 形式1　　形式2	
15-11	动合(常闭)触点		
15-12	多级开关的一般符号	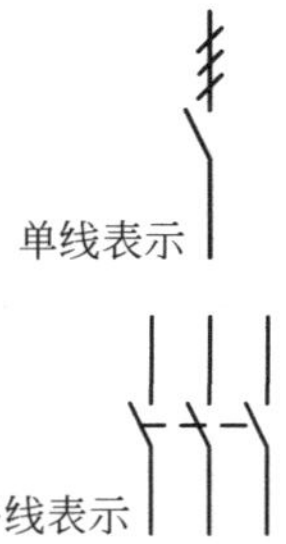 单线表示 多线表示	

序号	名　　　称	图　　例	说　　明
15-13	断路器		
15-14	隔离开关		
15-15	负荷开关		
15-16	中间断开的双向转换触点		
15-17	双向隔离开关		
15-18	自动转换开关(ATS)		
15-19	熔断器的一般符号		
15-20	跌开式熔断器		
15-21	熔断器式开关		
15-22	熔断器式隔离开关		

序号	名　　称	图　　例	说　　明
15-23	熔断器式负荷开关		
15-24	手动开关的一般符号	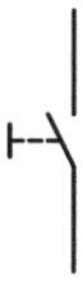	
15-25	三角形连接的三相绕组		
15-26	星形连接的三相绕组	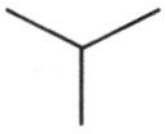	
15-27	中性点引出的星形连接的三相绕组		
15-28	电抗器一般符号		
15-29	双绕组变压器一般符号	形式1 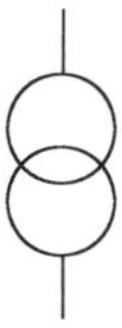 形式2 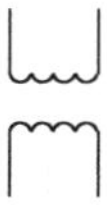	
15-30	三绕组变压器一般符号	形式1 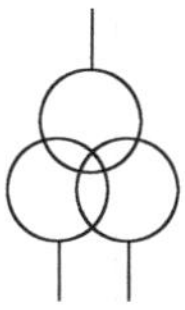 形式2 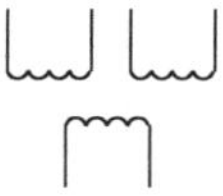	

序号	名　　称	图　　例	说　　明
15-31	自耦变压器一般符号	形式1  形式2 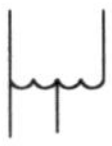	
15-32	单项感应调压器	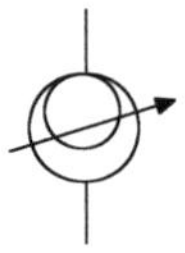	
15-33	三项感应调压器	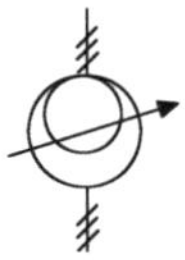	
15-34	电流互感器/脉冲变压器	形式1 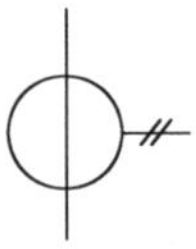 形式2 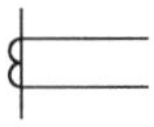	
15-35	星型三角形连接的变压器	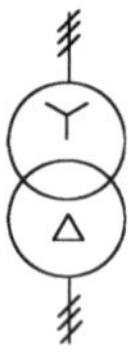	
15-36	单相自耦变压器	形式1  形式2 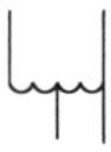	

续表

序号	名　　称	图　　例	说　　明
15-37	电流互感器	形式1 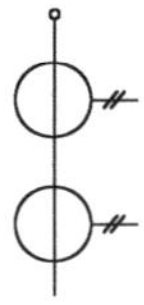 形式2 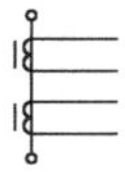	有两个铁芯,每个铁芯有一个次级绕组
15-38	三相交流发电机	 G 3	
15-39	交相电动机	 M	
15-40	发电机组	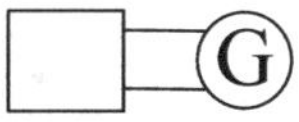 G	根据需要可加注机油和发电机类型
15-41	稳压器	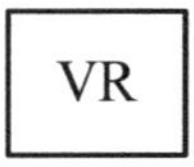 VR	
15-42	桥式全波整流器		
15-43	不间断电源系统	 UPS	
15-44	逆变器		
15-45	整流器/逆变器		
15-46	整流器/开关电源		

续表

序号	名　　称	图　　例	说　　明
15-47	直流变换器		
15-48	电池或蓄电池		
15-49	电池组或蓄电池组	 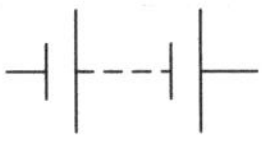	
15-50	太阳能或光电发生器	 **G**	
15-51	电源监控	形式1 　＊ 形式2 　＊	符号内的星号可用下列子目代替。 SC—监控中心； SS—区域监控中心； SU—监控单元； SM—监控模块
15-52	接地的一般符号	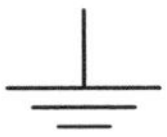	
15-53	抗干扰接地(无噪声接地)	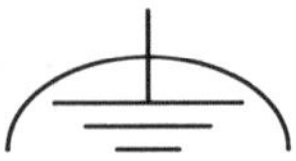	
15-54	保护接地		
15-55	避雷针	●	
15-56	火花间隙		

序号	名　　称	图　　例	说　　明
15-57	避雷器		
15-58	电阻器的一般符号	优选形 其他形 	
15-59	可调电阻器	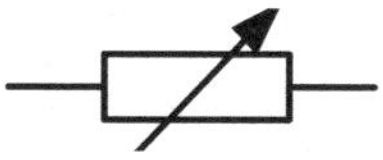	
15-60	压敏电阻器（变阻器）	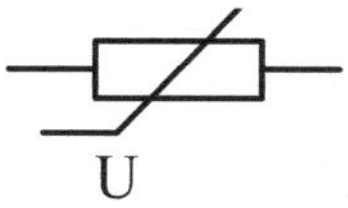 U	
15-61	带分流和分压端子的电阻器	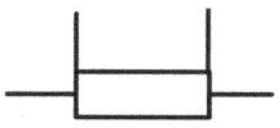	
15-62	电容器的一般符号	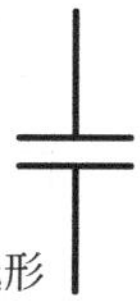 优选形 　　其他形	
15-63	极性电容器		
15-64	电感器		
15-65	直流		
15-66	交流		
15-67	中性（中性线）	N	
15-68	保护（保护线）	P	
15-69	中间线	M	
15-70	正极性	＋	
15-71	负极性	－	

序号	名　　称	图　例	说　明
15-72	直流母线	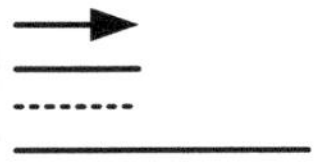	
15-73	交流母线		
15-74	中性线	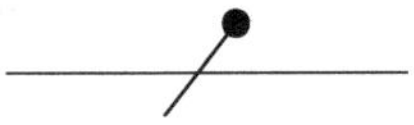	
15-75	保护线		
15-76	中性线和保护线共用线	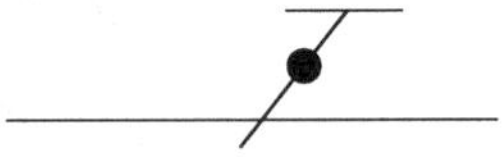	
15-77	具有中性线和保护线的三相线	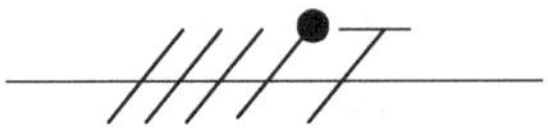	
15-78	指示仪表		
15-79	积算仪表	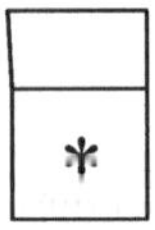	

表 A-16　机房建筑及设施

序号	名　　称	图　例	说　明
16-1	墙	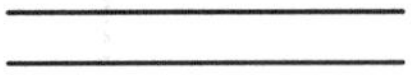	墙的一般表示方法
16-2	可见检查孔		
16-3	不可见检查孔		
16-4	方形孔洞		左为穿墙洞,右为地板洞
16-5	圆形孔洞		
16-6	方形坑槽	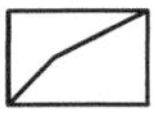	
16-7	圆形坑槽		

续表

序号	名　称	图　例	说　明
16-8	墙预留洞	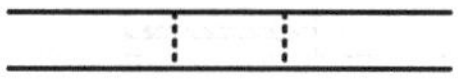	尺寸标注可采用"宽×高"或直径形式
16-9	墙预留槽	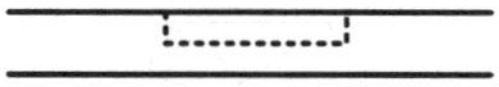	尺寸标注可采用"宽×高×深"形式
16-10	空门洞		
16-11	单扇门	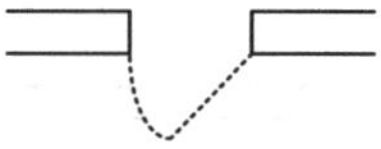	包括平开或单面弹簧门作图时开度可为45°或90°
16-12	双扇门		包括平开或单面弹簧门作图时开度可为45°或90°
16-13	对开折叠门		
16-14	推拉门	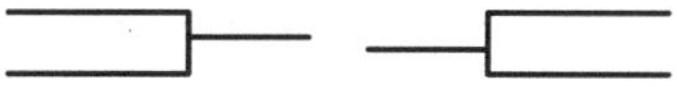	
16-15	墙外单扇推拉门		
16-16	墙外双扇推拉门		
16-17	墙中单扇推拉门		
16-18	墙中双扇推拉门		
16-19	单扇双面弹簧门		
16-20	双扇双面弹簧门		
16-21	转门	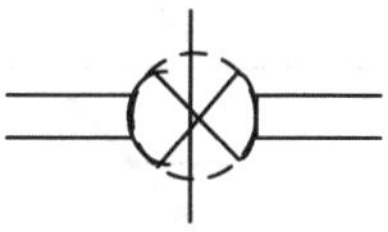	
16-22	单层固定窗		
16-23	双层内外开平开窗		
16-24	推拉窗	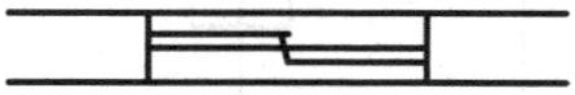	

续表

序号	名　　称	图　　例	说　　明
16-25	百叶窗	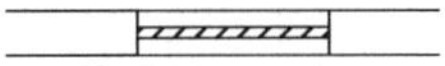	
16-26	电梯	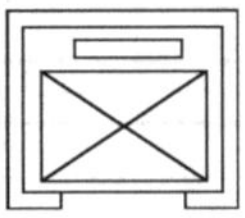	
16-27	隔断		包括玻璃、金属、石膏板等与墙的画法相同,厚度比墙窄
16-28	栏杆		与隔断的画法相同,宽度比隔断小,应有文字标注
16-29	楼梯	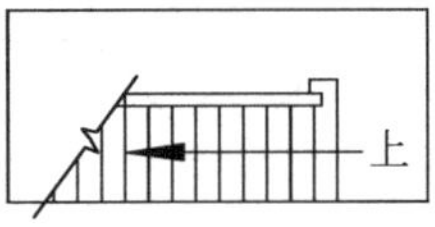 上	应标明楼梯上(或下)的方向
16-30	房柱	 □ 或 ■	可依照实际尺寸及形状绘制,根据需要可选用空心或实心
16-31	折断线		不需画全的断开线
16-32	波浪线		不需画全的断开线
16-33	标高	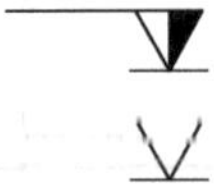 室内 室外	

表 A-17　机房配线与电气照明

序号	名　　称	图　　例	说　　明
17-1	向上配线		
17-2	向下配线	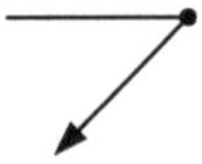	
17-3	垂直通过配线	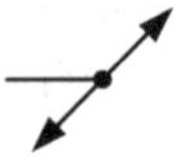	
17-4	盒(箱)的一般符号	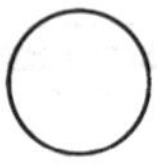	
17-5	用户端供电输入设备示出带配电		

续表

序号	名　称	图　例	说　明
17-6	配电中心示出五路馈线	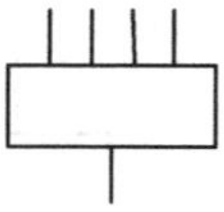	
17-7	连接盒接线盒		
17-8	动力配电箱	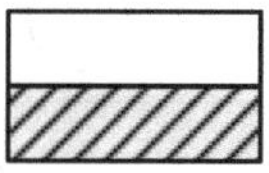	种类代码 AP
17-9	照明配电箱	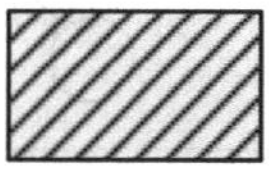	种类代码 AL
17-10	应急电源配电箱		种类代码 APE：表示应急电力配电箱。种类代码 ALE：表示应急照明配电箱
17-11	双电源切换箱	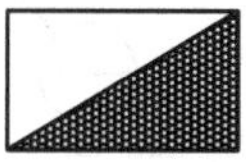	
17-12	明装单相二极插座		
17-13	明装单相三极插座		
17-14	明装三相四极插座	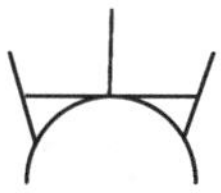	
17-15	暗装单相二极插座		
17-16	暗装单相三极插座	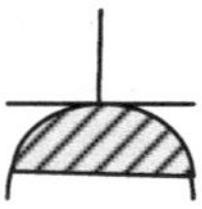	
17-17	暗装单相三极防爆插座	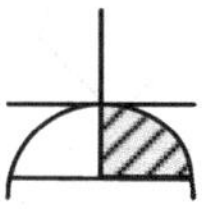	
17-18	暗装三相四极插座	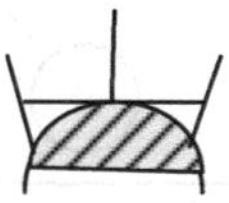	

序号	名　称	图　例	说　明
17-19	电信插座一般符号		注：可用文字符号加以区别,例如：TP—电话；TX—电传；TV—电视；FM—调频；M—传声器；nTO—综合布线 n 孔信息插座
17-20	墙壁开关的一般符号		
17-21	墙壁明装单极开关		
17-22	墙壁暗装单极开关		
17-23	墙壁密封(防水)单极开关		
17-24	墙壁防爆单极开关		
17-25	暗装双极开关		注：明装、密封、防爆型的画法同上
17-26	暗装三极开关		注：明装、密封、防爆型的画法同上
17-27	单极拉线开关		
17-28	单极双控拉线开关		
17-29	单极限时开关		

续表

序号	名　称	图　例	说　明
17-30	单极双控开关		
17-31	灯的一般符号		
17-32	示出配线的照明引出线位置		
17-33	在墙上的照明引出线（示出配线向左方）		
17-34	单管荧光灯		
17-35	双管荧光灯		
17-36	三管荧光灯		
17-37	防爆荧光灯		
17-38	密闭防爆灯		
17-39	在专用配电回路上的应急照明灯		
17-40	自带电源的应急照明灯		
17-41	壁灯		
17-42	天棚灯		
17-43	泛光灯		
17-44	射灯		

续表

序号	名　称	图　例	说　明
17-45	安全出口灯	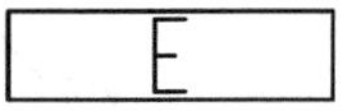	
17-46	疏散指示灯	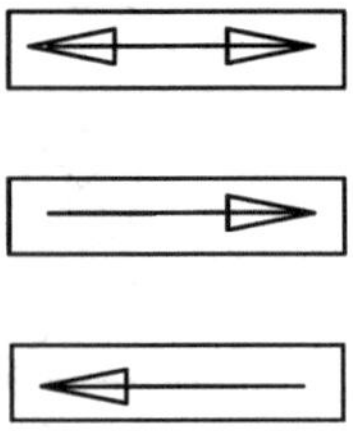	
17-47	弯灯		
17-48	防水防尘灯		

表 A-18　地形图常用符号

序号	名　称	图　例	说　明
18-1	房屋	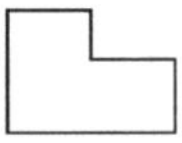	
18-2	在建房屋	 建	
18-3	破坏房屋		
18-4	窑洞	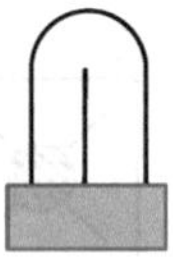	
18-5	蒙古包		
18-6	悬空通廊	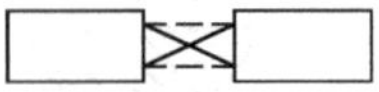	
18-7	建筑物下通道	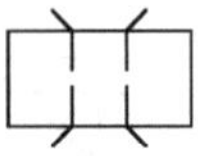	
18-8	台阶	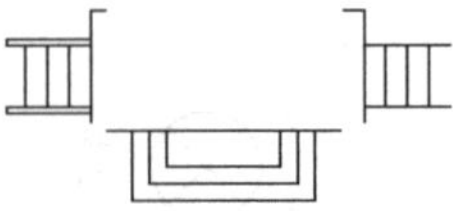	

续表

序号	名　称	图　例	说　明
18-9	围墙		
18-10	围墙大门		
18-11	长城及砖石城堡（小比例）		
18-12	长城及砖石城堡（大比例）		
18-13	栅栏、栏杆		
18-14	篱笆		
18-15	铁丝网		
18-16	矿井		
18-17	盐井		
18-18	油井	油	
18-19	露天采掘场	石	
18-20	塔形建筑物		
18-21	水塔		
18-22	油库		
18-23	粮仓		
18-24	打谷场（球场）	谷(球)	
18-25	饲养场（温室、花房）	牲(温室、花房)	

续表

序号	名　　称	图　　例	说　　明
18-26	高于地面的水池	水　　水	
18-27	低于地面的水池	水	
18-28	有盖的水池	水	
18-29	肥气池		
18-30	雷达站、卫星地面接收站		
18-31	体育场	体育场	
18-32	游泳池	泳	
18-33	喷水池		
18-34	假山石		
18-35	岗亭、岗楼		
18-36	电视发射塔	TV	
18-37	纪念碑		
18-38	碑、柱、墩		
18-39	亭		

续表

序号	名　　称	图　　例	说　　明
18-40	钟楼、鼓楼、城楼		
18-41	宝塔、经塔		
18-42	烽火台		
18-43	庙宇		
18-44	教堂		
18-45	清真寺		
18-46	过街天桥		
18-47	过街地道		
18-48	地下建筑物的地表入口		
18-49	窑		
18-50	独立大坟		
18-51	群坟、散坟		
18-52	一般铁路		
18-53	电气化铁路		
18-54	电车轨道		

续表

序号	名　称	图　例	说　明
18-55	地道及天桥		
18-56	铁路信号灯		
18-57	高速公路及收费站	收费站	
18-58	一般公路		
18-59	建设中的公路		
18-60	大车路、机耕路		
18-61	乡村小路		
18-62	高架路		
18-63	涵洞		
18-64	隧道、路堑与路堤		
18-65	铁路桥		
18-66	公路桥		
18-67	人行桥		
18-68	铁索桥		
18-69	漫水路面		

序号	名　称	图　例	说　明
18-70	顺岸式固定码头	 码头	
18-71	堤坝式固定码头	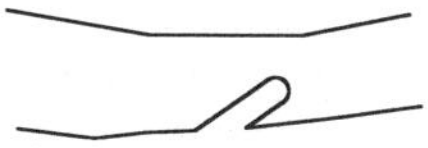	
18-72	浮码头	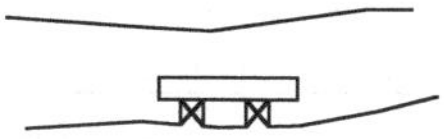	
18-73	架空输电线	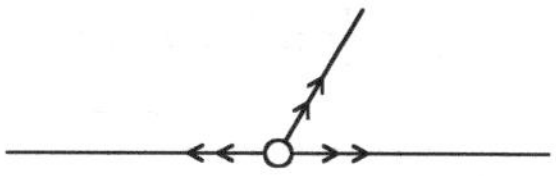	可标注电压
18-74	埋式输电线		
18-75	电线架	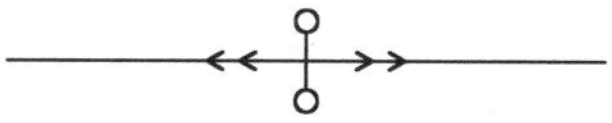	
18-76	电线塔	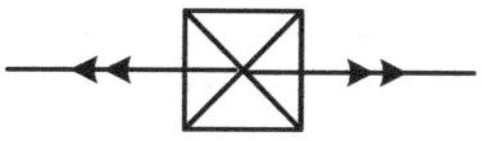	
18-77	电线上的变压器	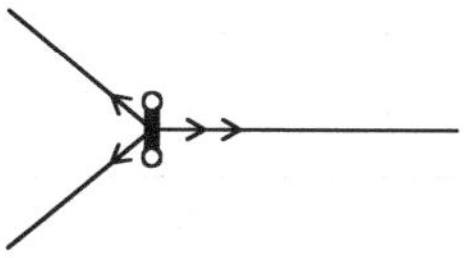	
18-78	有墩架的架空管道	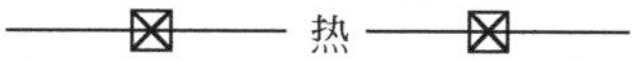 热	图示为热力管道
18-79	常年河		
18-80	时令河		
18-81	消失河段	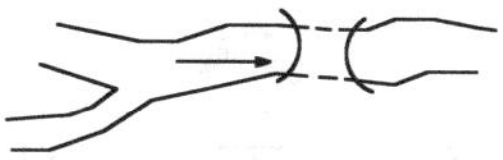	
18-82	常年湖	 青湖	
18-83	时令湖		

序号	名　称	图　例	说　明
18-84	池塘		
18-85	单层堤沟渠		
18-86	双层堤沟渠		
18-87	有沟堑的沟渠		
18-88	水井		
18-89	坎儿井		
18-90	国界		
18-91	省、自治区、直辖市界		
18-92	地区、自治州、盟、地级市界		
18-93	县、自治县、旗、县级市界		
18-94	乡镇界		
18-95	坎		
18-96	山洞、溶洞		
18-97	独立石		
18-98	石群、石块地		
18-99	沙地		
18-100	沙砾土、戈壁滩		
18-101	盐碱地		

序号	名　称	图　例	说　明
18-102	能通行的沼泽	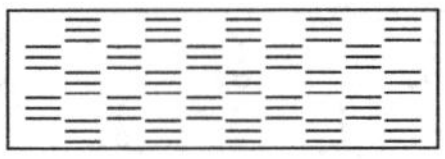	
18-103	不能通行的沼泽	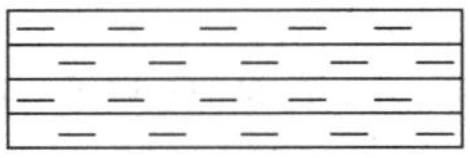	
18-104	稻田	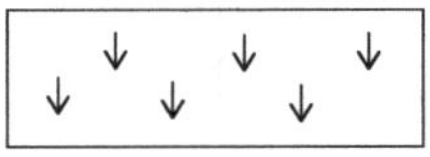	
18-105	旱地	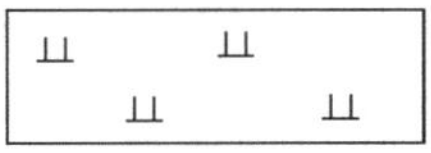	
18-106	水生经济作物	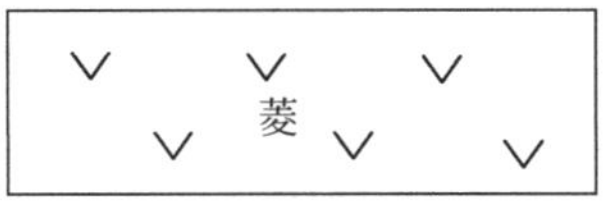 菱	图示为菱
18-107	菜地	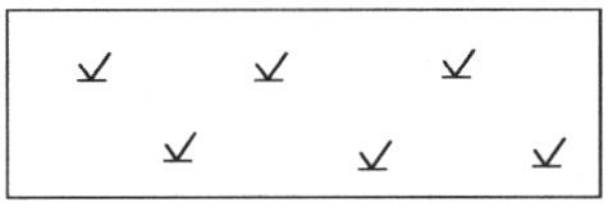	
18-108	果园	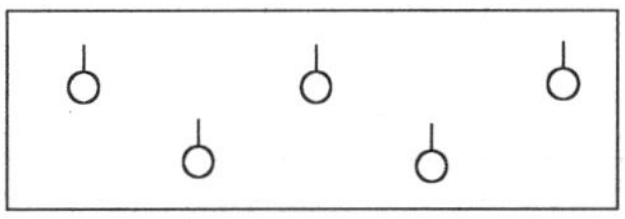	果园及经济林一般符号。 可在其中加注文字，以表示果园的类型，如苹果园、梨园等，也可表示加注桑园、茶园等表示经济林，与18-109 至 18-111 共用
18-109	桑园	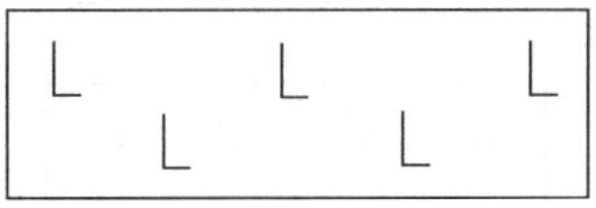	
18-110	茶园	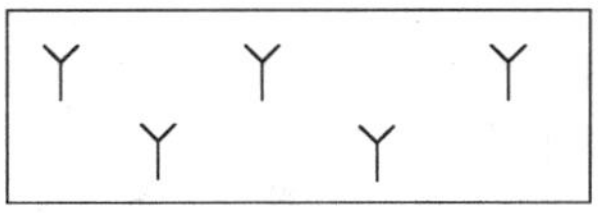	
18-111	橡胶园	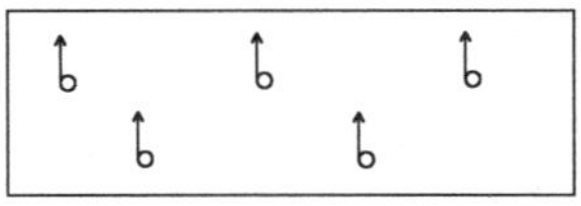	
18-112	林地	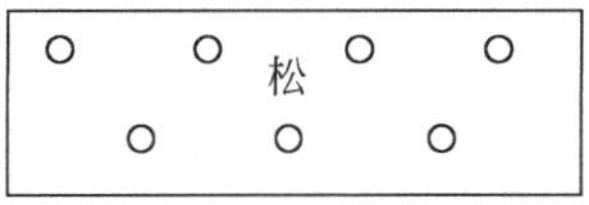 松	

续表

序号	名　称	图　例	说　明
18-113	灌木林		
18-114	行树	○ ○ ○ ○ ○ ○ ○ ○	
18-115	阔叶独立树		
18-116	针叶独立树		
18-117	果树独立树		
18-118	棕榈、椰子树		
18-119	竹林		
18-120	天然草地		
18-121	人工草地		
18-122	芦苇地		
18-123	花圃		
18-124	苗圃		

参 考 文 献

[1]　于正永.通信工程制图及实训[M].大连:大连理工大学出版社,2012.

[2]　杨静,佘妹兰.AutoCAD 2012 中文版实例教程[M].北京:人民邮电出版社,2012.

[3]　李启炎.计算机绘图(初级)习题及上机指导[M].上海:同济大学出版社,2001.

[4]　李启炎.计算机绘图(初级)[M].上海:同济大学出版社,2003.

[5]　李启炎.计算机绘图(中级)[M].上海:同济大学出版社,2003.

[6]　杨光,杜庆波.通信工程制图与概预算[M].西安:西安电子科技大学出版社,2008.

[7]　解相吾.通信工程设计制图[M].北京:电子工业出版社,2010.